DATOS CURIOSOS DEL REINO ANIMAL

Curiosidades del Mundo Animal que Probablemente no Conocías

FERRIS HERSEY

Índice

Introducción   vii

1. Lista de Datos Curiosos   1

   Conclusión   153

Introducción

Hay más de 8.5 millones de especies vivas en el planeta. ¿Te parece mucho? Pues no es nada comparado al número de hormigas caminando sobre el mundo. ¡Te sorprenderías!

Todo el mundo ama los animales (seguramente tú también). Hay tantas preguntas y datos sorprendentes sobre ellos que resumirlos todos en un libro era un reto imposible. Aun así, quise que tuvieras este libro en tus manos. Contiene más de 1000 datos que pueden fascinarte y llevarte a conocer mejor el mundo que nos rodea. Desde el intrigante ornitorrinco hasta el molesto mosquito, pasando por increíbles dragones (existen, créeme) y seres diminutos, reuní algunos de los hechos más inimaginables del mundo animal.

No importa la edad que tengas. Te garantizo que muchas de las cosas que leerás a continuación te sorprenderán. Y no es que seas tonto o algo así. El reino animal guarda incontables misterios.

¿Podrías ser tú quien descubra el próximo gran enigma de nuestra Tierra?

Lista de Datos Curiosos

1. Una abeja produce cera de abeja a partir de las glándulas de su abdomen.

2. Las arañas se encuentran en todo el mundo... ¡excepto en la Antártida!

3. Los perezosos no son perezosos. Sólo son algo lentos.

4. Los perezosos tienen garras muy grandes y largas que pueden utilizar para trepar a los árboles o defenderse de los depredadores.

5. Algunas especies de loros pueden vivir hasta los 85 años.

6. Los leopardos protegen su comida escondiéndola en los árboles, para que otros animales no puedan acceder a ella.

. . .

7. Las tortugas llevan vagando por la Tierra desde hace unos 215 millones de años.

8. Los kiwis se encuentran en Nueva Zelanda y son un ave no voladora en peligro de extinción. Tienen uno de los huevos más grandes en comparación con su cuerpo.

9. El caracol común de jardín está ampliamente considerado como una plaga porque se come las hojas de nuestras plantas.

10. Los pulpos son criaturas inteligentes en comparación con otros vertebrados.

11. Un elefante adulto necesita beber 210 litros de agua al día.

12. Los humanos comen una gran variedad de pulpos y también los utilizan como cebo para pescar.

13. Se calcula que hay más de 60 millones de caballos en todo el mundo.

14. El tamaño del cuerpo de un escorpión oscila entre 1 y 20 cm.

15. Los murciélagos se mueven por medio de la ecolocalización: envían ondas sonoras y esperan a que reboten en los objetos de su entorno.

16. Los osos polares tienen 42 dientes afilados.

17. Los labradores son inteligentes, amables y obedientes y son la raza de perros más popular del mundo.

18. La dieta de la cobaya consiste en hierba, fruta fresca y verduras.

19. Los camaleones tienen unas células especiales de pigmento de color bajo su piel, llamadas cromatóforos, que les permiten crear patrones con colores rosa, azul, rojo y muchos más.

20. Los patos zambullidores son conocidos por agachar la cabeza bajo el agua para encontrar comida. Tienen una estructura en forma de peine para su pico, llamada pecten, que les permite agarrar alimentos resbaladizos fuera del agua.

21. Los caimanes son de sangre fría.

22. Las mariposas tienen alas coloridas con patrones únicos hechos en escamas extremadamente pequeñas.

23. Los búhos son extremadamente silenciosos cuando vuelan en comparación con otras aves.

24. Aún no se descubren todas las especies de animales en el mundo, pero ya muchas se han extinto.

25. Ninguna especie de pingüino puede volar.

26. Los pandas gigantes son excelentes escaladores.

27. El jaguar macho es un 10-20% más grande que la hembra. Suelen pesar alrededor de 56 kg y miden entre 1 y 2 m de longitud.

. . .

28. Los ratones son animales normalmente nocturnos. Tienen una vista terrible, pero un oído y un olfato agudos.

29. El pez payaso puede vivir hasta 10 años en la naturaleza, pero una media de 7 años en el hogar.

30. Las ovejas se utilizan para diversos productos agrícolas, como la carne y el vellón.

31. Un caballo macho se llama semental.

32. Hay aproximadamente entre 6 y 10 millones de especies diferentes de insectos.

33. Los guepardos son uno de los miembros más pequeños de la familia de los grandes felinos, con un peso medio de sólo 50 kg.

34. Las ovejas macho adultas se conocen como carneros.

35. La longitud media de un ornitorrinco macho es de 50 cm y la de una hembra de 43 cm. Normalmente pesan entre 1 y 2,4 kg.

36. Las focas se encuentran en todo el mundo, pero es fácil encontrarlas en el Ártico y el Antártico.

37. Las hormigas tienen feromonas y se comunican entre sí mediante estas señales químicas que dejan en sus rastros.

38. El ornitorrinco es nocturno y se alimenta durante la noche o el crepúsculo.

. . .

39. Las hormigas bala tienen la picadura más dolorosa de todos los insectos, sin embargo, no es mortal para los humanos.

40. Hay muchas subespecies únicas del tigre, como el tigre de Sumatra, el tigre de Bengala, el tigre de Malasia y el tigre de Indochina.

41. Un grupo de liebres se llama manada.

42. La mayoría de los insectos tienen antenas, excepto la araña.

43. Las suricatas suelen vivir en pastizales y zonas desérticas de Sudáfrica.

44. Las termitas, las abejas y las hormigas viven en colonias sociales civilizadas.

45. El ornitorrinco y el equidna son los dos únicos mamíferos de la clase de los monotremas; ponen huevos en lugar de dar a luz.

46. Casi todos los reptiles ponen huevos con cáscara.

47. Entre los miembros de la familia de los arácnidos se encuentran las serpientes, los escorpiones, los ácaros, las garrapatas y los cosechadores.

48. Las panteras negras son excelentes nadadoras y son uno de los felinos más fuertes para trepar por los árboles. Se abalanzan sobre sus presas desde los árboles y pueden saltar hasta 6 metros.

. . .

49. Las rayas son primos del tiburón y no tienen huesos.

50. En toda la familia de los felinos, el tigre es el más grande de todos.

51. Los sapos tienen glándulas parótidas en la parte posterior de la cabeza y las utilizan para excretar veneno si se sienten estresados o amenazados.

52. El león macho medio pesa unos 180 kg y la hembra media pesa unos 130 kg.

53. A los conejos les gusta vivir en grupo.

54. Los pingüinos emperador pueden permanecer bajo el agua hasta 20 minutos seguidos.

55. Los castores construyen sus casas en medio de una presa. Estas casas se llaman refugios y tienen entradas bajo el agua, lo que dificulta la entrada de otros animales.

56. La abeja más pequeña conocida mide unos 2,1 mm de largo, mientras que la más grande mide 39 mm.

57. Un grupo de suricatas se denomina turba, banda o clan y puede estar formado por hasta 50 suricatas.

58. Un caballo macho joven se llama potro.

59. Las abejas se encuentran en todo el mundo, excepto en la Antártida.

. . .

60. Un tiburón tiene muchos dientes más pequeños detrás de sus dientes delanteros, que sustituyen a éstos cuando se caen.

61. Los perezosos se mueven muy lentamente y tienen un pelaje muy grueso. Esto hace que sea un gran hábitat para otras criaturas como polillas, escarabajos, cucarachas, hongos y algas.

62. El pez payaso tiene una relación de beneficio mutuo a largo plazo con la anémona de mar.

63. Las águilas calvas descienden en picado hacia el océano y capturan peces con sus poderosas garras.

64. Las águilas reales hembras pueden poner hasta 4 huevos durante la temporada de cría.

65. Las liebres son herbívoras, como los conejos.

66. Las serpientes son carnívoras: comen mucha carne.

67. A algunos murciélagos les gusta vivir solos, mientras que a otros les gusta convivir con miles de personas.

68. Los guepardos tienen un cuerpo ligero y garras romas. Suelen huir de los depredadores y suelen perder en una pelea.

69. El pulpo tiene un pico duro que utiliza para abrir cangrejos y mariscos.

. . .

70. Las serpientes en un espectáculo de encantamiento de serpientes responden al movimiento y no al sonido.

71. El periquito y la cacatúa son tipos de loros y son muy populares como mascotas.

72. Las cobayas pueden vivir hasta 8 años humanos.

73. Los perezosos pueden extender su lengua de 10 a 12 pulgadas fuera de la boca.

74. La pantera de Florida es extremadamente rara de encontrar y está casi extinguida.

75. No se ha comprobado la existencia de los unicornios, incluso si son muy parecidos a los caballos.

76. Los búhos tienen una visión muy pobre de cerca, pero pueden ver cosas muy lejanas.

77. Los canguros son grandes nadadores, a pesar de su extraña forma.

78. Los caballos tienen los ojos más grandes de todos los mamíferos terrestres del mundo.

79. Los pulpos pueden meterse en espacios muy pequeños porque no tienen esqueleto.

80. Los flamencos realizan una danza sincronizada en la que estiran el cuello hacia arriba, baten las alas y se gritan unos a otros.

81. Los escarabajos se encuentran en todo el mundo, excepto en las regiones polares muy frías.

• • •

82. Los monos comen una gran variedad de alimentos, como fruta, insectos, flores, hojas y reptiles.

83. Los lobos viven y cazan en grupos de lobos llamados manada. Una manada puede tener entre 2 y 20 lobos, dependiendo de su entorno y hábitat.

84. Los patos son criaturas amistosas y curiosas y han sido domesticados como mascotas y animales de granja desde hace más de 500 años.

85. El plumaje blanco y negro de los pingüinos actúa como camuflaje, para protegerlos mientras nadan.

86. Los jaguares sólo se encuentran en América.

87. Las rayas tienen uno o varios aguijones venenosos en la cola que utilizan para defenderse.

88. Los escorpiones brillan bajo la luz ultravioleta porque tienen sustancias químicas fluorescentes en su exoesqueleto.

89. Durante una persecución, un lobo puede correr hasta 65 km por hora.

90. Muchas criaturas marinas, como los percebes o los piojos, se adhieren a las ballenas y viven en ellas.

91. El pico del tucán es muy grande, pero no muy fuerte; no puede usarse para cavar o luchar.

92. Los caballos pueden correr poco después de nacer.

• • •

93. Muchas especies de tortugas están en peligro de extinción.

94. Los pavos reales tienen hermosas plumas en la cola con manchas oculares que pueden formar un abanico que se extiende hasta casi 2 m de longitud.

95. Las medusas y los cangrejos de río no son en realidad peces, a pesar de tener

"pez" en su nombre.

96. Las manchas de una jirafa actúan como camuflaje ante los depredadores.

97. Las águilas calvas tienen pelo y no son realmente calvas.

98. Los osos polares viven en el Ártico, alrededor del Polo Norte.

99. Las abejas tienen dos pares de alas: dos grandes delante y dos pequeñas detrás.

100. Los seres humanos comen muchos tipos de insectos; ¡los escarabajos son los más comunes!

101. La pitón es la serpiente más larga del mundo y puede superar los 8,7 m de longitud.

102. Se calcula que hay entre tres y ocho millones de especies de escarabajos en la Tierra.

103. Por término medio, una hembra de oso polar pesa aproximadamente la mitad que un macho.

104. En India hay unos 300 millones de cabezas de ganado.

105. Algunas especies de delfines están al borde de la extinción, probablemente debido al comportamiento humano y a los residuos.

106. Los gatos tienen un cuerpo extremadamente flexible y unos dientes muy afilados. Son ideales para cazar pequeños animales como ratones y ratas.

107. Los mosquitos son uno de los insectos de vuelo más lento, pero pueden volar hasta cuatro horas seguidas.

108. Las serpientes pueden tener hasta 20 filas de escamas.

109. Algunas nutrias pasan todo su tiempo en el agua, mientras que otras pasan todo su tiempo en tierra.

110. El tucán Sam ha sido la imagen del cereal para el desayuno Fruit Loops de Kellogg 's desde la década de 1960.

111. La carne de vacuno procede de un macho adulto.

112. Un grupo de nutrias se denomina grupo, familia, logia o retozo.

113. El caimán americano y el caimán chino son las dos únicas especies diferentes de caimanes.

114. La iguana verde es muy popular como mascota.

. . .

115. Las serpientes pueden comer presas más grandes que ellas gracias a sus mandíbulas flexibles.

116. La anémona de mar proporciona al pez payaso alimento y protección.

117. El babuino es un mono del Viejo Mundo, mientras que el tití es un mono del Nuevo Mundo.

118. América del Norte es el hogar del águila calva.

119. El ratón es un pequeño mamífero y un roedor.

120. Una oveja hembra adulta se conoce como oveja.

121. Los peces "respiran" en el agua utilizando sus branquias.

122. China tiene el mayor número de ovejas del mundo.

123. A pesar de tener dos patas, los canguros no pueden caminar hacia atrás.

124. Los gatos duermen entre 13 y 14 horas al día para conservar la energía.

125. Después del capibara, los castores son el segundo roedor más grande del mundo.

126. El nombre de hipopótamo significa en realidad "caballo de río".

127. Hay más de 300 especies de colibríes.

128. Los saltamontes pueden saltar muy lejos gracias a sus patas traseras, que actúan como catapultas en miniatura.

129. El camello es el animal más rápido en rehidratarse. Pueden beber 30 galones (113 litros) en sólo 13 minutos.

130. Los rinocerontes tienen un cerebro pequeño, en relación con su gran cuerpo.

131. Los canguros pueden saltar hasta tres veces su propia altura.

132. Los pingüinos pasan aproximadamente la mitad de su tiempo en el agua y la otra mitad en tierra.

133. Los cerdos son muy olorosos pero tienen un excelente sentido del olfato.

134. Una raya puede vivir hasta 25 años en la naturaleza.

135. Los cocodrilos pueden sobrevivir durante mucho tiempo sin comer nada.

136. El tiburón más mortífero del océano es el gran blanco. Pueden nadar en el agua hasta 30 km por hora.

137. El Panthera onca, también conocido como jaguar, es un gran felino del género Panthera.

138. Los gorilas macho jóvenes abandonan su familia a los 11 años aproximadamente y forman su propia familia a los 15 años.

139. Un cerdo utiliza su hocico para encontrar comida en el suelo y percibir su entorno.

140. La nutria gigante se encuentra en Sudamérica, en la cuenca del río Amazonas.

141. Las cebras pueden correr de un lado a otro para confundir a sus depredadores.

142. El ornitorrinco aparece en la moneda australiana de 20 céntimos y se utiliza como mascota de los eventos nacionales en Australia.

143. Los koalas tienen grandes narices rosas o negras.

144. La mayoría de las especies de avispas utilizan su veneno para paralizar a la presa y poner sus huevos dentro del huésped.

145. El nombre científico del oso polar es Ursus Maritimus.

146. El pez payaso más pequeño conocido es de 10 cm y el más grande de 18 cm.

147. La serpiente más larga del mundo con capacidad para inyectar veneno es la cobra real. Pueden llegar a medir hasta 5,6 m de longitud.

148. Las serpientes tienen una anatomía única e inusual que les permite tragar presas extremadamente grandes.

149. Los caballos no comen carne y viven de los pantalones (herbívoros).

150. Hay cuatro tipos diferentes de canguros: el canguro rojo, el canguro antilopino, el canguro gris oriental y el canguro occidental.

. . .

151. Existen 7 especies de abejas melíferas y 44 subespecies de abejas melíferas.

152. El viejo Billy, un caballo del siglo XIX, vivió hasta los 62 años.

153. Las focas pueden dormir bajo el agua y pueden pasar muchos meses en el mar.

154. Los hipopótamos suelen vivir hasta los 45 años.

155. Los peces tienen uno de los cerebros más pequeños en relación con su tamaño corporal en comparación con otros animales.

156. Los leones suelen vivir hasta 12 años en la naturaleza.

157. Los gatos domésticos suelen pesar entre cuatro y cinco kilos.

158. Los perros tienen un sentido del olfato extremadamente bueno, y son capaces de diferenciar olores que los humanos no pueden distinguir.

159. Las pitones "constriñen" a sus presas asfixiándolas y envolviéndolas.

160. Las mariposas adhieren sus huevos a las hojas y a la corteza con un pegamento especial.

161. Un ornitorrinco puede vivir hasta 12 años en la naturaleza.

162. Las arañas crean telas de araña con seda para capturar a sus presas.

163. Las ardillas se alimentan de frutos secos y semillas para sobrevivir.

164. El ciclo vital de las mariposas consta de cuatro partes: el huevo, la larva, la pupa y el adulto.

165. Las liebres son similares a los conejos, pero la principal diferencia es que las liebres son menos sociales.

166. Los sapos se encuentran en todo el mundo, excepto en la Antártida y en islas aisladas como Nueva Zelanda y Madagascar.

167. Los tejones pesan normalmente entre 9 y 11 kg (20-24 libras).

168. Las ardillas son roedores de tamaño pequeño o mediano.

169. Los caimanes son fósiles vivientes y han vivido en la Tierra durante millones de años.

170. Los pingüinos han adaptado sus alas en forma de aletas para poder nadar en el agua.

171. Los caimanes pueden pesar hasta 450 kg (1.000 lb).

172. Las vacas macho se llaman toros.

173. El nombre científico del leopardo es Panthera pardus.

174. Los kakapos son loros no voladores que están en peligro de extinción.

. . .

También son el loro más pesado del mundo.

175. El escorpión frito es un plato tradicional en zonas de China y el vino de escorpión puede figurar en la medicina china.

176. El pavo real puede vivir hasta los 20 años, pero su plumaje de pavo real luce más vivo a los 5 ó 6 años.

177. Hay unas 30 especies diferentes de peces payaso.

178. Hay toda una serie de teorías descabelladas para explicar las singulares rayas de la cebra.

179. El insecto más longevo puede vivir hasta 30 años, y la hormiga reina reivindica este logro.

180. Los gatos son una de las mascotas más populares del mundo.

181. Las liebres jóvenes se llaman lebratos.

182. Los gatitos a veces se pelean con otros gatitos para practicar sus habilidades de caza y lucha.

183. Hay más de 500 millones de gatos domésticos en el mundo.

184. Las ranas tienen muchos depredadores en la naturaleza y generalmente sólo sobreviven un par de años antes de ser cazadas.

185. Los patos se alimentan de plantas acuáticas, pequeños peces, insectos, gusanos y larvas.

. . .

186. Los escarabajos peloteros son estupendos para la sostenibilidad del ecosistema porque se alimentan de los excrementos de los animales y los convierten en nutrientes.

187. El leopardo es un animal en peligro de extinción porque algunos humanos creen que sus huesos y bigotes pueden curar a los enfermos.

188. Las focas, antes cazadas por su carne, grasa y piel, están ahora protegidas por el derecho internacional.

189. Los saltamontes tienen dos antenas, seis patas, dos pares de alas y pequeñas pinzas para arrancar alimentos como hierbas, hojas y cultivos de cereales.

190. Los Joeys viven unos seis meses en la bolsa de su madre y se quedan con ellas otros seis meses más o menos.

191. Las colonias de castores establecen presas de madera y barro para proporcionar agua tranquila y profunda con la que defenderse de depredadores como lobos, coyotes, osos o águilas, y también para hacer flotar el alimento y añadir material a sus hogares.

192. Las telas de araña abandonadas se denominan telas de araña.

193. Los rinocerontes suelen ser cazados por los humanos por sus cuernos.

194. Los koalas son originarios de Australia.

195. La palabra "flamenco" deriva de la palabra española "flamenco", que a su vez deriva de la palabra latina "flamma", que significa fuego o llama.

196. Las medusas caja son casi transparentes (transparentes).

197. La lengua del camaleón alcanzará su objetivo en sólo 0,07 fracciones de segundo, con una aceleración del proyectil que alcanza los 41 g de fuerza.

198. Las iguanas tienen una hilera de espinas que recorren su cola y su espalda.

199. Las crías de canguro se conocen como "joeys".

200. Los koalas tienen garras afiladas que les ayudan a trepar por los árboles.

201. Se cree que las hormigas aportan hasta el 25% del peso total de la biomasa de los animales terrestres. Esto equivale a la biomasa total de toda la raza humana, o a aproximadamente un millón de hormigas por cada individuo.

202. Los jaguares vagan, cazan y viven solos, juntándose sólo para adaptarse. Dejan un olor para marcar su territorio.

203. Cuando un mosquito hembra se alimenta de sangre, su abdomen se extiende y puede contener hasta tres veces su propio peso corporal.

. . .

204. Las langostas son, de hecho, especies de saltamontes de cuernos cortos, que se reúnen con frecuencia en enormes enjambres y pueden matar campos de cultivo enteros, ya que un solo saltamontes puede comer la mitad de su peso corporal en plantas al día.

205. Hay dos especies diferentes de camellos. El dromedario es un camello de una sola joroba que vive en Oriente Medio y la región del Cuerno de África. El bactriano es un camello de dos jorobas que vive en las regiones de Asia Central.

206. En inglés, un grupo de gatos se llama "clowder", un gato macho se llama "tom", una gata hembra se llama "molly" y los gatos jóvenes se llaman "kittens".

207. El cangrejo azul japonés es la especie de cangrejo más consumida del mundo.

208. Los osos polares tienen la piel negra y, aunque su pelo parece translúcido, también es claro.

209. Los caballos tienen un esqueleto de unos 205 huesos.

210. Cuando los leones se aparean con los tigres, los híbridos resultantes se llaman ligres y tigones

211. Los canguros pueden saltar fácilmente sobre dos patas o caminar lentamente sobre las cuatro.

212. Un hipopótamo macho se llama toro.

· · ·

213. Los hámsters no tienen buena vista; son miopes, y también daltónicos.

214. Hay más de mil millones de ovejas en el mundo.

215. Los ponis jóvenes se llaman potros.

216. Las suricatas viven una media de 7 a 10 años en la naturaleza y de 12 a 14 años en cautividad.

217. Los colibríes no se pasan todo el día volando porque necesitan conservar energía, sino que pasan la mayor parte del tiempo digiriendo su comida posados.

218. Los tucanes viven en zonas selváticas tropicales y subtropicales. Son nativos del sur de América Central, del norte de América del Sur y del Caribe.

219. A pesar de que las ranas viven en tierra, su hábitat debe estar cerca de pantanos, estanques o en una zona húmeda. Esto se debe a que, si su piel se seca, morirán.

220. Antes se pensaba que los perezosos dormían entre 15 y 20 horas al día. Sin embargo, ahora se sabe que sólo duermen unas 10 horas al día.

221. Casi la mitad de los conejos del mundo viven en Norteamérica.

222. Una comunidad de rinocerontes se denomina "manada" o choque.

. . .

223. El castor tiene un fuerte sentido del tacto, el olfato y el oído. Su visión es escasa, pero tiene un par de párpados translúcidos que le permiten ver bajo el agua.

224. A través de su dieta de plancton, camarón de salmuera y algas verde-azuladas, el color entre rosa y rojizo de las plumas de un flamenco proviene de los carotenoides.

225. Hay entre 79 y 84 especies distintas de ballenas. Tienen una gran variedad de formas y tamaños.

226. Los ornitorrincos son a la vez mamíferos y ovíparos.

227. Las serpientes mudan su piel en un proceso que suele durar unos días, a menudo muchas veces al año.

228. El colibrí abeja es el ave viva más pequeña del mundo, con sólo 5 cm de longitud.

229. Los canguros tienen patas muy fuertes y a veces pueden ser agresivos.

230. Algunas especies de serpientes, como las cobras y las mambas negras, utilizan el veneno para cazar y matar a sus presas.

231. Los monos pueden dividirse en dos categorías: los del Viejo Mundo, que viven en África y Asia, y los del Nuevo Mundo, que viven en Sudamérica.

232. Los leopardos adultos son animales solitarios.

. . .

Cada leopardo adulto tiene su propio territorio en el que vive y, aunque a menudo comparten partes de él, intentan evitar a los demás.

233. Las ranas respiran por las fosas nasales, mientras que su piel suele absorber la mitad del aire que necesitan.

234. Las jirafas tienen lenguas azuladas, duras y erizadas, cubiertas de pelos que les ayudan a comer las espinosas acacias.

235. Las nutrias, a diferencia de la mayoría de los mamíferos marinos, no tienen una capa de grasa aislante. Más bien, el aire queda atrapado en su pelaje, que las mantiene calientes.

236. Los pulpos suelen vivir entre seis y dieciocho meses. Los machos viven sólo unos meses después del apareamiento, y las hembras mueren de hambre poco después de la eclosión de los huevos.

237. El tejón macho se llama jabalí, la hembra se llama cerda y los bebés tejones se llaman cachorros.

238. Si el suricato en guardia detecta una amenaza, ladrará con fuerza o silbará de una de las seis maneras siguientes.

239. Algunas especies de búhos cazan peces.

240. La naturaleza entrelazada de las plumas y el revestimiento de cera garantizan que todos los patos tengan plumas altamente impermeables.

241. El pavo real indio es la forma más frecuente de pavo real que se encuentra en muchos zoológicos y parques de todo el mundo.

242. Los caimanes se alimentan de una gran variedad de especies, como peces, aves, tortugas e incluso ciervos.

243. Los animales como el antílope se parecen a los ciervos en varios aspectos, pero tienen cuernos en lugar de astas.

244. Las arañas son arácnidos, no insectos.

245. Los gatos y los seres humanos están vinculados desde hace casi diez mil años.

246. La mayoría de los canguros comen hierba.

247. Los cerdos son animales inteligentes.

248. El lobo es el ancestro de todas las razas de perros domésticos. Forma parte de un grupo de especies llamado perros salvajes que también incluye al coyote y al dingo.

249. En 1996, el primer animal clonado a partir de una célula somática fue una oveja llamada Dolly.

250. Las ardillas son pequeñas ardillas rayadas.

251. El ornitorrinco es un mamífero semiacuático cuyo aspecto es muy peculiar. Tienen pico de pato, cola de castor, ponen huevos, tienen pelaje de nutria y patas palmeadas.

. . .

252. Las criaturas parecidas a los caracoles sin caparazón suelen denominarse babosas.

253. Sólo el mosquito hembra se alimenta de sangre.

254. Las tortugas tienen un caparazón inferior llamado plastrón.

255. El término español y portugués para una pequeña mosca es el de mosquito.

256. Los sapos no tienen dientes, por lo que no mastican la comida, sino que se la tragan entera.

257. Las ovejas son herbívoros que se alimentan de vegetación, como la hierba.

258. Una jirafa hembra da a luz de pie. La cría cae al suelo unos 2 metros, pero la caída no la daña.

259. Los castores adultos miden un metro y pesan más de 25 kg.

260. Los jaguares son similares a los tigres; les encanta el agua y son grandes nadadores.

261. Un grupo de tigres se denomina emboscada o racha.

262. Tanto los sapos como las ranas pertenecen al orden Anura.

263. Los erizos hibernan durante el invierno en climas más fríos como el del Reino Unido.

264. La tortuga más grande es la tortuga laúd, que puede pesar más de 900 kg (2.000 lb).

265. Las colonias de hormigas suelen compartir el trabajo, pero actúan juntas para resolver los problemas y sostener la comunidad de forma similar al funcionamiento de las sociedades humanas.

266. Los cachorros de tigre abandonan a sus padres alrededor de los 2 años.

267. La trompa de un elefante es capaz de percibir la escala, la forma y la temperatura de un objeto.

268. Muchas subespecies de tigre están en peligro de extinción o ya lo están. La causa principal es el ser humano por la caza y la destrucción del hábitat.

269. Hay más tigres criados como mascotas en el ámbito privado que en el salvaje.

270. En muchos países sudamericanos, el cuy es un plato tradicional muy popular, sobre todo en Perú y Bolivia y en zonas de Ecuador y Colombia.

271. Las alas relativamente pequeñas del tucán hacen que no vuele muy bien y no pueda mantenerse en el aire durante mucho tiempo. Sin embargo, no suelen ir muy lejos, sino que saltan entre las ramas utilizando los dedos curvados y las afiladas garras.

272. El pariente vivo más cercano del koala es el wombat.

. . .

273. Las rayas son un grupo de rayas compuesto por ocho familias, entre las que se encuentran las rayas de seis branquias, las rayas de aguas profundas, las rayas redondas, las rayas de cola de látigo, las rayas de río, las rayas águila y las rayas mariposa.

274. Los canguros suelen vivir en libertad hasta los seis años de edad.

275. Hay 3 especies de murciélagos vampiros que sólo se alimentan de sangre.

276. El hámster sirio es la raza más conocida y famosa de hámsters que se tienen como mascotas.

277. Las serpientes no tienen párpados.

278. Las gruesas líneas negras que van desde el interior de cada ojo hasta la boca son una forma de reconocer siempre a un guepardo. Se denominan comúnmente "líneas de lágrimas" y los científicos creen que ayudan a proteger los ojos del guepardo del duro sol y les permiten ver largas distancias.

279. La mayoría de los ciervos tienen manchas blancas pero las pierden en un año.

280. Los jaguares viven entre 11 y 15 años en la naturaleza, pero pueden vivir en cautividad más de 20 años.

281. Hay más de mil millones de bovinos en el mundo.

• • •

282. Hay unas 200 especies diferentes de búhos.

283. Los patos tienen muchas aplicaciones económicas. Sus plumas se utilizan en muchos productos, huevos y carne.

284. Las mordeduras de serpiente más comunes en Norteamérica son las de cascabel.

285. Los caimanes forman parte del orden Crocodylia, al igual que los cocodrilos.

286. Las tortugas son reptiles.

287. Hay más de 30.000 especies de peces reconocidas.

288. El pelo que compone la cola de una jirafa es unas 10 veces más grueso que la hebra media de pelo humano.

289. Muchas personas son aficionadas a tener cerdos como mascotas.

290. El pez payaso está presente en las aguas cálidas de los océanos Índico y Pacífico, incluidos el Mar Rojo y la Gran Barrera de Coral de Australia.

291. Las jirafas son rumiantes, lo que significa que tienen más de un estómago.

292. El hipopótamo se considera generalmente el tercer mamífero más grande del planeta (después del rinoceronte blanco y el elefante).

293. Las serpientes tienen orejas internas pero no externas.

294. En pocos segundos, un guepardo puede viajar de 0 a 113 km.

295. Las leonas son mejores cazadoras que los machos y realizan la mayor parte de la caza para su manada.

296. Los científicos creen que los caballos evolucionaron a partir de criaturas mucho más pequeñas en los últimos 50 millones de años.

297. Desde hace miles de años, los camellos han sido domesticados por el ser humano. Se utilizan sobre todo para el transporte o para llevar cargas pesadas, y también proporcionan una fuente de leche, carne, pelo y lana.

298. Se cree que los delfines son muy inteligentes en comparación con otros animales.

299. Hay dos especies de castores. El castor europeo o euroasiático (Castor fiber) y el castor norteamericano (Castor canadensis).

300. Los cangrejos son decápodos de la familia de los crustáceos.

301. Desde que los científicos británicos trajeron por primera vez a Europa imágenes, bocetos e incluso especímenes vivos de ornitorrinco para su investigación, muchos supusieron que la especie era un engaño; el cuerpo de un castor cosido con el pico de un pato como una especie de broma.

302. El color de las plumas de la lechuza hace que se mezclen con su entorno (camuflaje).

303. Los gatos mayores se comportan a veces de forma agresiva con los gatitos.

304. El logotipo de la selección nacional de rugby de Argentina contiene un jaguar. Un error histórico hizo que el equipo recibiera el apodo de Los Pumas.

305. Los camaleones tienen unos ojos sorprendentes. Los párpados superior e inferior abultados están unidos, y la pupila emerge por un hueco en forma de agujero de alfiler.

306. Si son atacados, la mayoría de las especies de erizos pueden enrollarse en una bola apretada, dificultando que su atacante supere las defensas de púas.

307. Los tordos del paraíso de Nueva Zelanda suelen tener una pareja de apareamiento para toda la vida.

308. Los ratones utilizan sus bigotes para detectar los cambios de temperatura y así poder sentir la superficie por la que caminan.

309. Las cebras tienen un oído y una vista excelentes.

310. Hay dos tipos de perezosos: el de dos dedos y el de tres, que se clasifica en seis especies.

. . .

311. Los perezosos se alimentan principalmente de las yemas de los árboles de Cecropia, los nuevos brotes, los frutos y las hojas. También hay algunos perezosos de dos dedos que comen insectos, pequeños roedores y aves.

312. La cacatúa tiene 21 especies distintas.

313. Los tucanes viven hasta 20 años, y los jaguares y otros grandes felinos son sus depredadores.

314. Como muchos otros reptiles, las tortugas son de sangre fría.

315. El ganado es un herbívoro que se alimenta de vegetación, como la hierba.

316. Los colibríes pueden volar hacia atrás.

317. La vida media de un perro es de 10 a 14 años.

318. Muchas especies de escarabajos se consideran plagas. Los que adoran excavar en los árboles para alimentarse del polvo de la madera matan millones de árboles cada año.

319. Se cree que el aspecto vibrante del pavo real es una forma de atraer a las hembras con fines de apareamiento y, en segundo lugar, para que el pavo real parezca más grande y agresivo si se siente amenazado por los depredadores.

320. Si se sienten amenazados por los depredadores, los sapos pueden hacerse los muertos o hincharse para parecer más grandes.

321. La vida de los caballos domésticos es de unos 25 años.

322. La mayoría de las especies de ardillas acaparan alimentos para el invierno, como frutos secos, fruta, huevos y granos.

323. El jugador de baloncesto de la NBA Kobe Bryant fue apodado "Mamba Negra", la serpiente más rápida del mundo.

324. El ornitorrinco es el animal del estado de Nueva Gales del Sur (NSW).

325. Los leones son animales nacionales de Albania, Bélgica, Bulgaria, Países Bajos, Escocia, Etiopía, Luxemburgo y Singapur.

326. Los conejos son herbívoros (comen plantas).

327. El flamenco más popular es el flamenco mayor, que se encuentra en África, el sur de Europa y el suroeste de Asia. El flamenco menor es el más numeroso y vive hasta el noroeste de la India, en el Gran Valle del Rift africano.

328. El zumbido de una abeja no se produce por el batir de sus alas, sino por la vibración de sus músculos.

329. Las cebras salvajes viven en África.

330. Los machos de águila calva son más pequeños que las hembras.

· · ·

331. Los erizos son plagas en países como Nueva Zelanda, donde fueron introducidos, ya que no tienen muchos depredadores naturales. Consumen especies autóctonas de insectos, lagartos, caracoles y crías de aves que anidan en el suelo.

332. Cada cebra tiene un patrón distintivo de rayas blancas y negras.

333. Las suricatas comen principalmente insectos, pero también lagartos, serpientes, escorpiones, arañas, semillas, larvas, roedores diminutos, ciempiés y hongos. Son inmunes a ciertas formas de veneno de serpientes y escorpiones.

334. Los ciervos jóvenes suelen permanecer alrededor de un año con su madre.

335. Las rayas se consumen en muchas cocinas del mundo, a menudo acompañadas de salsas picantes.

336. Un caballo hembra se llama yegua.

337. La piel de serpiente es suave y seca.

338. Los gorilas están en peligro de extinción. Su entorno se destruye cuando la gente utiliza su tierra para cultivar y los árboles que los rodean para obtener combustible.

339. Aunque los hipopótamos pueden parecer un poco regordetes, pueden superar fácilmente a una persona.

· · ·

340. Los elefantes tienen orejas grandes y finas y sus orejas están construidas por una compleja red de vasos sanguíneos que ayudan a controlar su temperatura.

341. En los jaguares, el gen del melanismo es un gen dominante, y un jaguar negro puede producir cachorros negros o manchados.

342. El ornitorrinco es un excelente nadador que, por término medio, se sumerge bajo el agua durante unos 30 segundos para buscar comida antes de alcanzar el aire.

343. Las rayas suelen encontrarse en aguas costeras tropicales y subtropicales; algunas especies viven en ríos de agua dulce.

344. Muchas especies de focas pueden aguantar la respiración bajo el agua ralentizando los latidos del corazón y conservando el oxígeno durante casi dos horas.

345. Los osos polares utilizan el hielo marino como plataforma de caza de focas.

346. Las plumas del pavo real representan el 60% de la longitud total de su cuerpo y es una de las aves voladoras más grandes del mundo, con una envergadura de 1,5 metros.

347. Las patas de los flamencos pueden ser más largas que todo su cuerpo.

. . .

La pierna de un flamenco doblada hacia atrás es en realidad su cadera, la rodilla queda fuera de la vista más arriba de la pierna.

348. Los loros están considerados como una de las especies de aves más inteligentes.

349. Las águilas calvas salvajes viven unos 20 años.

350. Los hipopótamos tienen patas cortas, una boca grande y un cuerpo en forma de barril.

351. Los pavos reales blancos no son albinos, tienen una mutación genética que hace que el plumaje sea deficiente en pigmentos.

352. Las cobras se encabritan y aplanan el cuello para parecer más grandes cuando se ven amenazadas.

353. La velocidad de sprint más rápida registrada de un caballo es de 88 km/h.

354. Los elefantes son herbívoros y pueden recoger hojas, ramitas, bambú y raíces hasta 16 horas.

355. El rugido de un león puede oírse desde hasta 8 kilómetros (5 millas).

356. Los perezosos son especies arborícolas y se encuentran en las selvas de América Central y del Sur.

357. Los peces son vertebrados, lo que significa que tienen un hueso o cartílago que cubre su médula espinal.

358. El mayor carnívoro (comedor de carne) que vive en tierra es el oso polar.

359. El avestruz es el ave más grande del mundo y también pone los huevos más grandes y puede correr más rápido.

360. La vista de los camaleones es estupenda; pueden ver pequeños insectos a 5-10 metros. También pueden ver con luz visible y ultravioleta.

361. Los gatos viven una media de entre 12 y 15 años.

362. Los guepardos cazan durante el día, mientras que los leones y los leopardos lo hacen durante la noche.

363. Los gérridos (aves acuáticas) son capaces de caminar sobre el agua.

364. Hay aproximadamente 700 especies diferentes de serpientes venenosas.

365. En la naturaleza, los ratones son herbívoros que consumen todo tipo de plantas, frutas y granos.

366. El guepardo es el animal terrestre más rápido del mundo. Puede alcanzar una velocidad máxima de unos 113 km/h.

367. La mariposa monarca es conocida por su larga migración. Vuelan una gran distancia cada año (a veces más de 4.000 km), las hembras ponen huevos y una nueva generación de monarcas viaja de vuelta, completando un ciclo.

. . .

368. El pingüino emperador es la mayor de todas las especies de pingüinos, ya que alcanza una altura de hasta 120 cm.

369. Existen medusas cuya picadura es letal, y otras que pueden vivir más de 100 años.

370. Para encontrar comida, los lobos del Ártico tienen que recorrer distancias mucho más largas que los del bosque, y a veces pasan varios días sin comer.

371. Los osos polares pueden alcanzar velocidades terrestres de hasta 40 kph y acuáticas de hasta 10 kph.

372. Se calcula que en todo el mundo hay más de 14 millones de camellos. Los camellos introducidos en las zonas desérticas de Australia constituyen la mayor población de camellos asilvestrados del mundo.

373. Se estima que los primeros reptiles evolucionaron hace unos 320 millones de años.

374. Junto con el caballo y el asno, la cebra forma parte de la familia de los équidos 375. En ocasiones, los erizos pueden transmitir enfermedades y dolencias si entran en contacto con los humanos.

376. Al mismo tiempo, las ranas pueden ver hacia abajo, hacia los lados y hacia arriba. Incluso cuando duermen, nunca cierran los ojos.

377. Los pingüinos emperador suelen acurrucarse para mantenerse calientes en las frías temperaturas de la Antártida.

378. El pollo es la especie de ave más común en el mundo.

379. Los fósiles de koala descubiertos en Australia fueron datados hace 20 millones de años.

380. El ciclo vital de un mosquito se compone de cuatro etapas: huevo, larva, pupa y adulto.

381. Los guepardos no pueden trepar a los árboles y tienen poca visión nocturna.

382. Los cocodrilos y los caimanes son reptiles.

383. El ratón es un manjar en el norte de Malawi y el este de Zambia; se comen como fuente de proteínas.

384. Las hembras de los mosquitos viven entre dos semanas y un mes, mientras que los machos suelen vivir una semana.

385. Los camellos dromedarios pesan entre 300 y 600 kg, mientras que los bactrianos pesan entre 300 y 1.000 kg.

386. Muchos colibríes americanos y canadienses migran más de 3.000 kilómetros al sur en otoño para pasar el invierno en México o Centroamérica. Durante el invierno austral, algunas especies sudamericanas también se desplazan al norte hacia estas regiones.

387. Los tucanes se alimentan principalmente de fruta, pero a veces comen insectos y lagartijas.

. . .

388. Por término medio, una hembra de pulpo pone unos 200.000 huevos, pero sólo un puñado de crías sobreviven hasta la edad adulta para valerse por sí mismas.

389. Las especies de hormigas varían de 0,75 a 52 mm de tamaño (0,030-2,0 pulgadas).

390. En la India, el ganado es sagrado.

391. Los reptiles respiran aire.

392. Los reptiles están recubiertos de escamas o tienen una placa ósea externa, como un caparazón.

393. El escorpión utiliza sus pinzas para atrapar rápidamente a su presa y luego utiliza su aguijón venenoso para matarla o paralizarla. La cola también sirve de protección contra los depredadores.

394. Las serpientes marrones australianas son extremadamente peligrosas y se alarman fácilmente.

395. En su mayor parte, los leopardos son nocturnos y cazan sus presas por la noche.

396. Al desplazarse, los caracoles dejan un rastro de mucosidad que sirve de lubricante para reducir la fricción en la superficie.

397. La nutria es un mamífero carnívoro del grupo de la familia de las comadrejas llamado Lutrinae.

398. Los lagartos y las serpientes son reptiles.

399. Los lagartos no necesitan agua, sino sol.

. . .

400. Los murciélagos vampiros tienen unos dientes pequeños y muy afilados que pueden perforar la piel de un animal (incluido el ser humano) sin que éste se dé cuenta.

401. Después de aparearse con un macho, las hormigas reinas se desprenden de sus alas y buscan un lugar adecuado para iniciar una colonia.

402. Antes de migrar, el colibrí debe almacenar una capa de grasa equivalente a la mitad de su peso corporal para utilizar esta fuente de energía lentamente durante el viaje.

403. Las mambas negras reciben su nombre por el color negro que se encuentra dentro de su boca.

404. Los hipopótamos son mucho más fuertes que los cocodrilos.

405. Las mariposas pueden saborear con sus pies.

406. Las águilas tienen poderosas garras que les ayudan a atrapar a sus presas.

407. Las serpientes de coral son muy venenosas, pero generalmente no son agresivas; sólo muerden como último recurso.

408. El ornitorrinco utiliza bolsas en sus mejillas para llevar la comida a la superficie. Cada día, el ornitorrinco come alrededor del 20% de su propio peso en comida.

. . .

409. A las pavas reales no les gusta vivir solas, ya que son aves extremadamente sociables y confiadas, y tienden a permanecer en pequeños grupos.

410. Los mosquitos hembra beben sangre para obtener los nutrientes necesarios para la producción de huevos.

411. El tití pigmeo es la especie de mono más pequeña, y los adultos pesan entre 120 y 140 gramos.

412. Se han identificado más de 12.500 especies, de un total estimado de 22.000 especies de hormigas.

413. Las abejas de la miel viven en estructuras de panal construidas con cera de abeja, llamadas colmenas, como grandes colonias. Una colonia incluye 3 tipos de abejas: zánganos, obreras y reinas.

414. Los camaleones suelen comer insectos grandes, como langostas, saltamontes, grillos e insectos palo.

415. Las mariposas viven de una dieta de todo líquido.

416. Los camellos miden 1,85 m a la altura del hombro y 2,15 m hasta la joroba.

417. Las hembras de pandas crían solas a sus cachorros cuando el macho se marcha tras el apareamiento.

. . .

418. Los delfines tienen una vista y una visión excepcionales, así como la capacidad de encontrar la ubicación exacta de los objetos mediante la ecolocalización.

419. Las águilas calvas han sido cazadas durante muchas décadas con fines recreativos.

420. El ornitorrinco se encuentra en pequeños ríos y arroyos de los estados australianos de Queensland, Nueva Gales del Sur, Victoria y Tasmania.

421. Cuando sólo tiene tres años, la rana común de estanque está lista para reproducirse.

422. Un grupo de cangrejos se llama reparto.

423. Un grupo de ciervos se llama manada.

424. Los colibríes beben el néctar de las flores, que les proporciona una buena fuente de energía en forma de glucosa, y de vez en cuando capturan insectos para obtener un aporte de proteínas.

425. Los rinocerontes son herbívoros (comen plantas).

426. Las águilas calvas hacen nidos muy grandes, que a menudo pesan hasta una tonelada.

427. Los perros han desarrollado un fuerte vínculo con los humanos como mascotas, trabajadores y amigos. Se han ganado el apodo de mejor amigo del hombre.

. . .

428. El pez anémona también se conoce como pez payaso.

429. Los científicos calculan que hay entre 15.000 y 20.000 especies distintas de mariposas.

430. Las cobayas pesan una media de 0,70 a 1,2 kg y miden entre 20 y 25 cm.

431. Los conejos tienen orejas largas que pueden llegar a medir hasta 10 cm (4 pulgadas).

432. A diferencia de otros animales, los camaleones siguen creciendo durante toda su vida.

433. Como los ratones tienen tantos depredadores, normalmente sólo viven en la naturaleza unos seis meses. Pueden vivir hasta dos años en un laboratorio o como mascota.

434. Nueva Zelanda tiene algunos loros muy singulares, como el kea, el kaka y el kakapo.

435. Hay unas 70 especies de rayas en el mundo.

436. Las medusas no son peces, a pesar de que se menciona "pez" en su nombre.

437. El pato azulón macho tiene la cabeza verde brillante, las alas y el abdomen grises, mientras que la hembra tiene un plumaje moteado de marrón.

438. Las mariquitas (ladybugs) son un tipo de escarabajo que ayuda a controlar las poblaciones de plagas al alimentarse de los pulgones que, de otro modo, se comerían las hortalizas.

439. Hay más de 60 especies diferentes de águilas.

440. Los hámsters son roedores de la subfamilia Cricetinae.

441. Los caballos miniatura son más pequeños que los ponis.

442. Los gatos dedican mucho tiempo a acicalarse el pelo para mantenerse limpios.

443. El sapo común (o sapo europeo) es una especie de sapo de gran tamaño que puede encontrarse en toda Europa.

444. Los saltamontes son un insecto del suborden Caelifera y del orden Orthoptera.

445. Las cebras se levantan mientras duermen.

446. Las hormigas son capaces de construir desde pequeñas colonias de menos de 100 hormigas hasta colonias muy grandes que ocupan grandes áreas y contienen millones de hormigas individuales.

447. Los saltamontes pueden saltar aproximadamente 25 cm de altura y alrededor de 1 metro. Si los humanos pudiéramos saltar comparativamente tan lejos como los saltamontes, entonces podríamos saltar más de la longitud de un campo de fútbol.

448. Un ciervo macho suele llamarse ciervo.

449. Los gatos asilvestrados suelen considerarse plagas y amenazas para los animales autóctonos.

. . .

450. A menudo, los flamencos se paran sobre una pata, con la otra metida debajo del cuerpo. No se sabe muy bien por qué lo hacen, pero se cree que conservan el calor corporal.

451. Los murciélagos pueden vivir más de 20 años en la naturaleza.

452. Las sirenas son criaturas mitológicas con una cola de pez y una mitad superior de mujer.

453. Cuando se pone de pie, el suricato utiliza su cola para equilibrarse. Suelen ponerse de pie por la mañana después de una larga y fría noche en el desierto, para absorber el calor en su vientre.

454. Se conocen unas 11.000 especies de saltamontes en todo el mundo, que suelen habitar en campos de hierba, praderas y bosques.

455. La caza de un tigre tiene aproximadamente un 10% de posibilidades de éxito.

456. La expresión "a paso de tortuga" es un término utilizado para describir un proceso lento e ineficiente. Ahora, "snail mail" se utiliza comúnmente para referirse al envío de correo ordinario en lugar de correo electrónico.

457. Después del tigre y el león, el jaguar es el tercero de los grandes felinos y es el más grande de todos los grandes felinos de América.

. . .

458. La mayoría de los lobos pesan unos 40 kg, pero el más pesado jamás registrado pesaba más de 80 kg.

459. Los erizos no están emparentados con otros animales cubiertos de espinas, como el puercoespín o el equidna.

460. Los hipopótamos se encuentran en África.

461. El cangrejo ermitaño, el cangrejo real, el cangrejo de porcelana, el cangrejo de herradura y los piojos del cangrejo no son realmente cangrejos.

462. Los gatos tienen una potente visión nocturna, seis veces mayor que la de los humanos.

463. Los camaleones cambian de color para camuflarse, a veces para intimidar a su depredador.

464. Los camaleones viven en hábitats muy diversos, desde las selvas tropicales hasta los desiertos.

465. El cuerpo plano de las rayas les permite excavar en su interior y esconderse en el fondo arenoso del océano de los depredadores.

466. Cuando los escorpiones mudan, mudan su exoesqueleto siete veces. Cada vez que se mudan, se vuelven extremadamente vulnerables a los depredadores.

467. Un gorila de espalda plateada ahuyenta a otros animales poniéndose de pie sobre sus patas traseras y golpeándose el pecho.

· · ·

468. La miel se elabora a partir de los depósitos de néctar y dulces que las abejas recogen de árboles y plantas. La miel se almacena en panales como fuente de alimentación de la colonia.

469. Las suricatas tienen una excelente vista; desde más de 300 m de distancia, pueden detectar a los depredadores.

470. Se cree que el pulpo más grande del mundo es el pulpo gigante del Pacífico, Enteroctopus dofleini, que pesa unos 15 kg y tiene una envergadura de hasta 4,3 m.

471. Un grupo de sapos se llama nudo.

472. Los científicos estiman que hay aproximadamente 20.000 osos polares en todo el mundo.

473. Los koalas no se pueden tener legalmente como animales de compañía.

474. Las serpientes también utilizan el veneno para defenderse, así como para atacar a sus presas.

475. Los tiburones no tienen un solo hueso dentro de su cuerpo. En su lugar, tienen un esqueleto de cartílago; el mismo tipo de tejido resistente y flexible que conforma las narices y las orejas de los humanos.

476. Los ornitorrincos cierran los ojos y los oídos cuando se sumergen en el agua, por lo que utilizan su sentido de la electrorrecepción para alimentarse de gusanos, insectos y camarones de agua dulce, y

escarban los lechos fangosos de los ríos con su pico para detectar los campos eléctricos de sus presas.

477. Los escarabajos tienen dos pares de alas, el par delantero, llamado "ellitra", es duro, una gruesa vaina o caparazón que protege el par de alas trasero normal que se utiliza para volar.

478. Los castores disfrutan comiendo maderas como el álamo temblón, el álamo de Virginia, el sauce, el abedul, el arce y el cerezo, así como algas y nenúfares.

479. Las serpientes venenosas tienen glándulas y dientes especialmente diseñados para inyectar veneno a sus presas.

480. En 1967, el águila calva se incluyó en la lista de especies en peligro de extinción de los Estados Unidos y su número se ha recuperado bastante desde entonces.

481. Las aves tienen plumas, alas, ponen huevos y son de sangre caliente.

482. La mayoría de los loros viven en zonas tropicales.

483. En algunas especies de tortugas, la temperatura determina si el huevo se convertirá en macho o en hembra; las temperaturas más bajas darán lugar a un macho, mientras que las temperaturas más altas darán lugar a una hembra.

484. La cola de una lagartija no es muy fuerte y puede desprenderse con bastante facilidad.

485. Los loros tienen el pico curvado, las patas fuertes y los pies con garras.

486. El castor es el animal nacional de Canadá y figura en la pieza de cinco céntimos canadiense.

487. Hay 13 especies de nutrias en todo el mundo.

488. Se conocen más de 3.500 especies de mosquitos en todo el mundo.

489. A pesar de los cientos de huevos que puede incubar una tortuga, son bastante antisociales creadas y rara vez interactúan con otras fuera del apareamiento.

490. Aproximadamente la mitad de los cachorros de tigre no viven más allá de los dos años.

491. Los perezosos tienen un estómago de cuatro partes que digiere las duras hojas que comen muy lentamente; la digestión de una comida puede tardar a veces hasta un mes.

492. Los leones descansan unas 20 horas al día en la naturaleza.

493. Los lagartos y las serpientes constituyen el mayor número de reptiles diferentes.

494. El color del flamenco es el resultado de su inusual dieta.

. . .

495. Para el pulpo, una última defensa es desprenderse de un tentáculo, de forma similar a como un gecko o una lagartija pueden desprenderse de un cuento. Un pulpo puede asegurarse de que un tentáculo perdido se regenere de nuevo.

496. Las serpientes de cascabel deben su nombre al cascabel que llevan en el extremo de la cola. Lo hacen para advertir o ahuyentar a los depredadores.

497. Más de 100.000 medusas se reúnen para presentar grandes floraciones.

498. Cuando un animal es matado por una manada de lobos, la pareja alfa se alimenta primero. Como el suministro de alimentos para los lobos suele ser errático, consumirán hasta una quinta parte de su propio peso corporal a la vez para compensar los días de comida perdidos.

499. Un perezoso suele medir entre 50 y 60 cm. Los esqueletos de especies de perezosos ya extinguidas indican que algunos eran tan altos como los elefantes.

500. Hay seis especies de flamencos en el mundo. Dos especies se encuentran en el Viejo Mundo y cuatro viven en el Nuevo Mundo.

501. El Gran Sello de los Estados Unidos presenta un águila calva.

502. Los ponis tienen crines y colas más gruesas que los caballos.

503. Las cobayas son originarias de la cordillera de los Andes, en Sudamérica. No existen de forma natural en la naturaleza, sino que son descendientes domesticados de la Cavia aperea, una especie estrechamente relacionada.

504. Los peces payaso representan más del 40% del comercio marino ornamental mundial. Los peces se capturan en la naturaleza o se crían en cautividad.

505. Al igual que los humanos, los cerdos son omnívoros, lo que significa que comen tanto plantas como animales.

506. Las medusas no tienen cerebro, ¡pero no lo saben!

507. El mono es el noveno animal del zodiaco chino.

508. Las aves tienen huesos huecos que les ayudan a volar.

509. Hay 9 familias de abejas diferentes y aproximadamente 20.000 especies conocidas.

510. Las víboras tienen colmillos largos y huecos que les sirven para inyectar veneno a sus presas.

511. Los reptiles utilizan la evasión, los métodos, el camuflaje y las tácticas de miedo, como el siseo y el mordisco, para defenderse de los depredadores.

512. Los dragones de Komodo son carnívoros y pueden ser muy agresivos.

513. Si un tiburón se metiera en una gran piscina, podría oler una sola gota de sangre en el agua.

514. Los peces están cubiertos de escamas que a menudo están recubiertas por una capa de baba para facilitar su movimiento en el agua.

515. Un conejo joven puede reproducirse decenas de veces en un año.

516. Los sapos hibernan durante todo el invierno.

517. Los saltamontes suelen tener una coloración que les permite camuflarse en su hábitat local: verde en los campos de hierba y arenoso en las zonas de tierra y desérticas.

518. Las cebras son herbívoras, lo que significa que sólo comen plantas, a menudo hierba, tallos, hojas y corteza.

519. Los hámsters suelen vivir en madrigueras subterráneas durante todo el día; son crepusculares, lo que significa que sólo salen a alimentarse al anochecer.

520. La guarida de una nutria se llama holt o sofá.

521. Algunas especies de escarabajos de mayor tamaño se alimentan de pequeños pájaros o mamíferos, pero la mayoría desempeñan un papel vital en el ecosistema porque se alimentan de restos de plantas y animales.

. . .

522. Los tejones forman parte de la familia Mustelidae; esta familia es la misma que las nutrias, los hurones, los hurones, las comadrejas y los glotones.

523. Los ratones tienen una serie de depredadores que incluyen gatos, perros salvajes, zorros, pájaros y serpientes.

524. Las focas tienen una capa de grasa bajo la piel, llamada grasa, que las mantiene calientes en aguas frías. Su pelaje resbaladizo está diseñado para deslizarse por el agua.

525. Las focas son mamíferos marinos semiacuáticos. Tienen cuatro aletas, lo que significa que están en una categoría de animales conocida como Pinnipedia.

526. Dependiendo de la especie y de su hábitat, los caracoles pueden tener pulmones o branquias. Algunos caracoles marinos pueden tener pulmones y algunos caracoles terrestres pueden tener branquias.

527. Casi la mitad de las especies de camaleones del mundo son originarias de Madagascar, y también se encuentran en África y el sur de Europa hasta Sri Lanka, en Asia.

528. Las mariposas tienen cuatro hermosas y grandes alas 529. Un anfibio puede vivir tanto en la tierra como en el agua.

530. El ganado joven se conoce como terneros.

531. La mayoría de las orugas son herbívoras.

532. Hay más de 1.000 especies diferentes de murciélagos.

533. Los castores pueden vivir en la naturaleza hasta los 24 años.

534. Las ardillas tienen bolsas en las mejillas que les ayudan a transportar su comida.

535. La forma más común de tratar las mordeduras de serpientes venenosas es mediante el antiveneno.

536. La foca es un carnívoro que se alimenta de aves marinas, peces, calamares, mariscos y crustáceos. Algunas comen otras especies de focas, como la foca leopardo.

537. Las medusas viven en el mar y pueden encontrarse en todos los océanos del mundo.

538. Las orugas adultas se adhieren a una ramita u hoja adecuada antes de desprenderse de su capa exterior de piel para dejar al descubierto su dura capa de piel conocida como crisálida.

539. Los gatos pueden ser cazadores letales y muy escurridizos; mantienen el ruido al mínimo colocando sus patas traseras exactamente donde caen sus patas delanteras.

540. Los pingüinos son aves no voladoras.

541. Los murciélagos son los únicos mamíferos capaces de volar continuamente.

. . .

542. Aparte de la Antártida, las serpientes se encuentran en todo el mundo.

543. En el territorio de la suricata, el clan suele tener hasta cinco madrigueras diferentes en las que duermen por la noche. Las madrigueras tienen múltiples entradas y pueden tener hasta 5 metros de profundidad.

544. La leyenda urbana más común es que el graznido de los patos no tiene eco.

Sin embargo, se ha demostrado que esto es falso.

545. Aunque los expertos suelen discrepar, existen pruebas científicas de que la domesticación de los perros pudo producirse hace más de 15.000 años.

546. Los hámsters sirios viven en cautividad entre 2 y 3 años, y menos en la naturaleza. Otros tipos de mascotas populares, como el hámster enano ruso, viven en cautividad entre 2 y 4 años.

547. Los ojos de los camaleones pueden girar y enfocar en arcos de 180 grados por separado, por lo que pueden ver literalmente a todo el mundo a la vez.

548. Las águilas tienen picos grandes y ganchudos para desgarrar la carne de sus presas.

549. La araña cazadora gigante tiene una envergadura de patas de unos 30 cm (12 pulgadas).

550. Los colibríes son una de las especies de aves más pequeñas del mundo.

La mayoría de las especies miden entre 7,5 y 13 cm.

El colibrí abeja es el más pequeño, con sólo 5 cm (2 pulgadas). El más grande es el Colibrí Gigante, que alcanza más de 20 cm (8 in).

551. En las corridas de toros, los toros se enfadan por el movimiento del capote, no por el color rojo del mismo.

552. Por término medio, los camellos viven en la naturaleza hasta los 40 ó 50 años de edad.

553. Sólo hay unos 700 gorilas de montaña y viven en lo alto de las montañas de África Los gorilas de llanura viven en África Central.

554. El águila calva es el ave nacional de Estados Unidos.

555. Hay unas 372 especies distintas de loros.

556. Los osos polares machos pueden llegar a pesar 680 kg (1500 lb).

557. Los guepardos son extremadamente rápidos, pero se cansan rápidamente y sólo pueden mantener su velocidad máxima durante un par de minutos antes de estar demasiado cansados.

558. Las liebres suelen ser más grandes que los conejos y sus orejas son más largas.

. . .

559. Los pingüinos de ojos amarillos (o Hoiho) son pingüinos nativos de Nueva Zelanda en peligro de extinción. Se cree que su población es de unos 4.000 ejemplares.

560. Los elefantes africanos, tanto machos como hembras, tienen colmillos, pero sólo los elefantes asiáticos machos tienen colmillos. Utilizan sus colmillos para cavar y encontrar comida.

561. La carne de los terneros se llama ternera.

562. Algunas especies de saltamontes hacen ruido frotando las patas traseras contra las alas delanteras o el cuerpo o chasqueando las alas al volar.

563. La mayoría de los insectos nacen de huevos.

564. Los murciélagos son mamíferos voladores y son nocturnos.

565. Los conejos se reproducen muy rápido. Esto puede ser un gran dolor de cabeza para los agricultores que viven en zonas donde los conejos son vistos como plagas.

566. Los delfines muestran con frecuencia una actitud juguetona que los hace populares en la cultura humana. Se les puede ver saltando desde el agua, cabalgando sobre las olas, jugando a pelearse e interactuando con las personas que nadan en el agua.

567. El nombre rinoceronte significa cuerno de la nariz y se acorta a rinoceronte.

568. Algunos camaleones pueden cambiar de color. Esto les ayuda a comunicarse con los demás y también puede utilizarse para camuflarse.

569. Los búhos son nocturnos, lo que significa que son activos por la noche.

570. Las especies de escarabajos tienen muchas estrategias, como el camuflaje y las propiedades tóxicas, para evitar ser atacados por los depredadores.

571. Las mariposas de ala de pájaro tienen grandes alas angulares y vuelan de forma similar a las aves.

572. Los camaleones no son sordos, pero no tienen aberturas para los oídos.

573. La nutria es un animal muy juguetón y se cree que participa en algunas actividades sólo por diversión. ¡Algunas hacen toboganes de agua sólo para divertirse!

574. Los lobos adultos tienen patas extremadamente grandes. Un lobo adulto tendría una huella de pata de casi 13 centímetros de largo y 10 centímetros de ancho.

575. Una cría de erizo se llama "hoglet".

576. A las ballenas les encanta cantar. Lo utilizan como reclamo para sus compañeros, como forma de comunicación y también como diversión. Al cabo de un tiempo se aburren de la misma canción y empiezan a cantar una melodía diferente.

577. El panda gigante es originario de China.

578. No todas las especies de tiburones dan a luz a crías vivas. Algunas especies ponen el huevo en el fondo del océano y, posteriormente, la cría nace sola.

579. Sólo la reina de los abejorros sobrevive al invierno, por lo que los abejorros no necesitan almacenar grandes cantidades de miel en la colmena como hacen las abejas melíferas.

580. Hay dos tipos de elefantes, el elefante asiático y el elefante africano.

581. Los parientes más cercanos del hipopótamo son los cetáceos, como las ballenas y los delfines.

582. Los pandas de bambú gigantes comen hasta 10 kg (22 lb) al día.

583. Los ojos de las rayas están en la parte superior de su cuerpo, pero en la parte inferior tienen la boca, las branquias y las fosas nasales. Debido a esta inusual anatomía, no pueden ver a sus presas, sino que utilizan el olfato y los electrorreceptores para encontrar comida.

584. Los jaguares son carnívoros, depredan más de 80 especies animales de todos los tamaños, como ciervos, cerdos, carpinchos, zorros, peces, ranas e incluso grandes serpientes anacondas.

585. Los cangrejos viven en los océanos de todo el mundo, en el agua dulce y en la tierra. Hay más de 4.500 tipos de cangrejos.

586. Los pingüinos crestados tienen la cresta amarilla y el pico y los ojos rojos.

587. El lobo captura animales pequeños como ardillas, liebres, ardillas listadas, mapaches o conejos cuando caza solo. Sin embargo, una manada de lobos puede cazar animales muy grandes como alces, caribúes y yaks.

588. Los pingüinos se alimentan de una gran variedad de peces y otras especies marinas que capturan bajo el agua.

589. El león más pesado del que se tiene constancia pesaba unos impresionantes 375 kg.

590. Los castores golpean el agua con su ancha y escamosa cola como señal de alarma para que otros castores de la zona sepan que se acerca un depredador.

591. La mayoría de las ardillas son diminutas, con ojos grandes y colas tupidas.

592. Los ratones construyen madrigueras muy complejas con largas entradas y muchas vías de escape. Sus madrigueras suelen tener zonas separadas para

almacenar comida, dormir y hacer sus necesidades, por lo que son roedores muy limpios y ordenados.

593. El mandril es el tipo de mono más grande, con un peso de hasta 35 kg.

594. Los camaleones son una rama extremadamente singular del grupo de los lagartos reptiles.

595. En 1928, Mickey Mouse, de Walt Disney, fue el primer personaje de ratón utilizado en los dibujos animados para niños.

596. La especie de caracol marino más grande que existe es el Syrinx Aruanus, que tiene una concha de hasta 90 cm y puede pesar hasta 18 kg.

597. Los tigres pueden saltar fácilmente más de 5 metros.

598. El tamaño del cerebro de los koalas modernos ha disminuido mucho respecto a sus ancestros, posiblemente como adaptación a la baja energía que obtienen de su dieta.

599. Un gorila adulto mide aproximadamente 1 metro cuando camina a cuatro patas utilizando sus brazos y piernas.

600. Aproximadamente 250 especies de serpientes venenosas son capaces de matar a un humano con una sola mordida.

601. Hay aproximadamente 2.000 millones de cerdos en el mundo.

602. La nutria europea se encuentra en Europa, Asia, partes del norte de África y las Islas Británicas.

603. Las nutrias son animales extremadamente hambrientos, y a menudo hacen todo lo posible por encontrar comida.

. . .

604. Las medusas pueden ser grandes y muy coloridas.

605. A los castores les gusta mantenerse ocupados, son talentosos constructores nocturnos, de ahí el dicho "tan ocupado como un castor".

606. Los caballos han sido domesticados desde hace más de 5.000 años.

607. Todos los perezosos tienen tres dedos, pero los de dos dedos sólo tienen dos.

608. Hay aproximadamente 3.000 especies de serpientes diferentes.

609. Las nutrias en el folclore japonés son un animal muy popular donde se les llama "kawauso". Los inteligentes kawauso suelen engañar a los seres humanos, como el zorro en estos cuentos.

610. El flamenco se alimenta por filtración, lo que significa que filtra su comida del barro.

611. Los murciélagos más grandes del mundo son los Pteropus (también conocidos como zorros voladores o murciélagos de la fruta).

612. Las serpientes huelen las cosas de su entorno con la lengua.

613. La trompa de un elefante puede llegar a medir 2 metros y pesar hasta 140 kg.

Algunos científicos creen que 100.000 músculos componen su trompa.

. . .

614. Algunos tipos de abejas pueden ser habitantes de colmenas "sociales"; entre ellas se encuentran la abeja de la miel, la abeja africana, la abeja asesina y el abejorro.

615. Las arañas tienen entre dos y seis hileras detrás del abdomen.

616. Los camellos pueden correr hasta 65 km/h durante un corto periodo de tiempo y pueden mantener una velocidad de unos 40 km/h.

617. Los delfines viven en bancos o manadas de unos 12 delfines.

618. Hay grandes poblaciones de pingüinos en países como Nueva Zelanda, Australia, Chile, Argentina y Sudáfrica.

619. El grupo de los pinnípedos incluye 3 familias: la foca común, el lobo marino y la morsa.

620. El tejón puede correr durante un corto período de tiempo, hasta 30 km / h (19 mph).

621. Los humanos ayudan a entrenar a las distintas razas de perros para que participen en competiciones como exposiciones de razas, concursos de agilidad y obediencia, carreras y tiros de trineo.

622. Hasta principios del siglo XX, el ornitorrinco era cazado por su piel. Ahora es una especie protegida en Australia.

. . .

623. Los pulpos tienen dos ojos en un manto del que sobresalen ocho largas extremidades llamadas tentáculos con dos filas de sentidos de ventosa.

624. Los ponis Shetland son bastante pequeños pero muy fuertes.

625. Los flamencos son un tipo de ave zancuda que vive en zonas de grandes lagos poco profundos, lagunas, marismas, manglares e islas arenosas.

626. Las ranas se empapan de agua a través de su piel, en lugar de beber agua por la boca.

627. Existen 11 especies de tejones, agrupadas en 3 tipos: los Melinae (tejones euroasiáticos), los Mellivorinae (tejones de la miel) y los Taxideinae (tejones americanos).

628. Los pulpos tienen muy buena vista y muy buen sentido del tacto.

629. Las ballenas que se encuentran en el hemisferio norte y en el sur nunca se encuentran ni se reproducen juntas. Su migración está programada para que nunca se encuentren simultáneamente en las zonas de cría.

630. La mayoría de los búhos cazan insectos, pequeños mamíferos y otras aves.

631. No hay depredadores naturales para los elefantes. Sin embargo, a veces los leones en la naturaleza se aprovechan de elefantes jóvenes o débiles.

Los elefantes corren principalmente el riesgo de ser cazados furtivamente por el hombre y de sufrir cambios en su hábitat.

632. Un gorila puede vivir hasta 50 años en la naturaleza.

633. Hay billones de insectos más que humanos en el mundo.

634. Las cobayas tienen 258 huesos en su cuerpo.

635. Los osos polares tienen un excelente sentido del olfato; son capaces de detectar focas a casi una milla (1,6 km) de distancia.

636. El caracol es un manjar llamado escargot, en la cocina francesa. En muchos otros países del mundo, el caracol se come a menudo frito.

637. Las ranas utilizan sus ojos para ayudarse a tragar la comida. Cuando la rana parpadea, sus globos oculares son empujados hacia abajo, creando una protuberancia en el paladar. Esta protuberancia empuja la comida hacia la garganta de la rana.

638. Los tigres pueden alcanzar una longitud máxima de 3,3 metros y pesar hasta 300 kilogramos.

639. La mayoría de los murciélagos se alimentan de insectos, mientras que otros comen fruta, pescado o sangre.

640. La tarántula Goliat es la mayor de las especies de tarántulas.

641. Los ponis bien entrenados son buenos para los niños, ya que aprenden a montar.

642. Dependiendo de la temperatura, los huevos de caimán se convierten en machos o hembras; los machos en temperaturas más cálidas y las hembras en temperaturas más frías.

643. Los tiburones tienen un oído excepcional. Desde 500 metros de distancia, pueden oír a un pez agitándose en el agua.

644. Los cocodrilos tienen dientes extremadamente afilados que pueden cortar casi todo.

645. Los rinocerontes blancos son en realidad grises, a pesar de su nombre.

646. Las medusas se alimentan de plancton, mientras que las tortugas marinas se alimentan de medusas.

647. Las panteras negras tienen buen oído, excelente vista y una mandíbula fuerte.

648. Las hormigas pueden cargar hasta 20 veces su propio peso.

649. Los lobos son excelentes cazadores y se ha comprobado que viven en más lugares del mundo que cualquier otro mamífero, aparte de los humanos.

650. A las ovejas les gusta permanecer cerca de otras en un rebaño; esto hace que les resulte más fácil desplazarse juntas a nuevos pastos.

· · ·

651. Los camellos no tienen agua líquida en sus jorobas. Las jorobas contienen reservas de tejido graso que pueden convertirse en agua o energía cuando lo necesitan. Utilizando esas reservas de grasa, pueden sobrevivir hasta seis meses sin comida ni agua.

652. Las liebres suelen vivir solas o en parejas.

653. Los búhos tienen poderosas garras que les ayudan a atrapar y matar a sus presas.

654. Los ponis tienen patas cortas, cuellos gruesos y cabezas cortas.

655. Durante la época de celo, los ciervos machos suelen utilizar su cornamenta para luchar por la atención de las hembras.

656. Los tigres que se reproducen con leones producen híbridos conocidos como tigones y ligres.

657. Los búhos tienen ojos extremadamente grandes y una cara súper plana.

658. Las ovejas tienen un campo de visión de unos 300 grados, lo que les permite ver por detrás sin girar la cabeza.

659. Se sabe que los tigres alcanzan velocidades de hasta 65 kph (40 mph).

660. En los países africanos y de América Central y del Sur, los saltamontes se comen habitualmente; este insecto es una gran fuente de proteínas.

. . .

661. Las cebras comunes tienen una cola de alrededor de medio metro (18 pulgadas).

662. Los patos forran sus nidos con plumas de su propio pecho.

663. Los loros pueden tener colores brillantes y suelen ser pájaros muy tontos.

664. El río Yangtze contiene caimanes chinos, pero están en peligro crítico de extinción y sólo quedan unos pocos en estado salvaje.

665. Más de 1.000 especies de peces están en peligro de extinción.

666. Los escorpiones tienen ocho patas, un par de pinzas y una cola de sección estrecha que a menudo se curva sobre su espalda, con un aguijón venenoso en su extremo.

667. Algunas especies de rayas que se encuentran en las profundidades del océano pueden llegar a medir hasta 4 metros.

668. Los tucanes viven juntos en bandadas de pequeño tamaño; hacen nidos en los huecos de los árboles que su primo lejano el pájaro carpintero suele crear.

669. Algunas serpientes de mar pueden respirar a través de su piel, lo que les permite realizar inmersiones más largas bajo el agua.

. . .

670. Los pings de raza humana para carnes como el cerdo, el tocino y el jamón.

671. Los lobos tienen dos capas de pelo, una interior y otra superior, que les permiten sobrevivir a temperaturas de hasta 40 grados bajo cero.

672. Algunas especies, como el sapo de caña, son más tóxicas que otras.

673. Hay 17 especies de erizos en todo el mundo.

674. El pingüino de Galápagos es la única especie de pingüino que se aventura en la naturaleza al norte del ecuador.

675. Los murciélagos vampiros pueden ser portadores de la rabia, lo que hace que sus mordeduras sean potencialmente peligrosas.

676. Los perros domésticos son omnívoros, lo que significa que comen una gran variedad de alimentos, como cereales, verduras y carnes.

677. Las liebres pueden correr a velocidades de hasta 45 mph (72 kph).

678. Los perros tienen un oído superior y son capaces de oír los sonidos a una distancia cuatro veces superior a la de los humanos.

679. Los delfines respiran mediante un espiráculo situado en la parte superior de la cabeza.

680. Se sabe que algunas especies de loros imitan las voces humanas.

681. Las hormigas obreras que buscan comida pueden alejarse de su nido hasta 200 metros y encontrar el camino de vuelta a la colonia siguiendo los rastros de olor dejados por otras.

682. El ratón doméstico es la especie más común de ratón y es bastante popular como mascota. Otras especies de ratones que se ven en la casa son el ratón de campo, el ratón americano de patas blancas y el ratón de los ciervos.

683. El ganado se cría para obtener una serie de productos agrícolas, como la carne y los productos lácteos.

684. Hay aproximadamente 400 millones de perros en todo el mundo.

685. El perro doméstico fue uno de los animales de trabajo y de compañía más populares de la historia de la humanidad.

686. La pava real es omnívora y come muchos tipos de plantas, pétalos de flores, semillas, insectos y pequeños reptiles.

687. Las largas patas de un camello elevan su cuerpo de la superficie caliente del desierto; una gruesa almohadilla de tejido levanta el cuerpo ligeramente cuando el camello se sienta, para que el aire fresco pueda pasar por debajo.

. . .

688. Los tigres suelen salir a cazar solos por la noche.

689. Los delfines son carnívoros y se alimentan de peces como el arenque, el bacalao y la caballa.

690. Los sapos comienzan su vida en el agua como renacuajos, al igual que las ranas.

691. La mayoría de las salamanquesas no tienen párpados; tienen un susto claro que les cubre los ojos.

692. Un caballo hembra joven se llama potra.

693. Muchas especies de camaleones tienen protuberancias o crestas similares a cuernos en la cabeza.

694. La mayoría de las especies de mosquitos se consideran una gran molestia y una plaga, ya que consumen sangre humana y animal y dejan marcas de picaduras que pican.

695. La piel curtida de la raya se utiliza a menudo para fabricar zapatos exóticos, botas, cinturones, carteras, chaquetas y fundas de teléfono.

696. Aunque el cuello de una jirafa mide entre 1,5 y 1,8 metros de largo, contiene el mismo número de vértebras que un cuello humano.

697. Antes había más de 60 millones de castores norteamericanos en todo el mundo. Pero la población ha disminuido a unos 12 millones debido a la caza por su piel, y glándulas.

698. La mayoría de los pingüinos se encuentran en el hemisferio sur.

699. Las cacatúas suelen tener las plumas de color negro, gris o blanco.

700. Contrariamente a la creencia popular, tocar la piel o las glándulas verrugosas de un sapo no le causará verrugas. El veneno no suele afectar a los humanos; sin embargo, después de tocar un sapo, siempre hay que lavarse las manos.

701. Hay más de 250 especies de abejorros en el mundo.

702. Hay aproximadamente 10.000 especies de aves en el mundo.

703. Una coneja da a luz en una madriguera. Una liebre da a luz en zonas abiertas.

704. La gran serpiente australiana llamada taipán es muy venenosa.

705. El veneno de serpiente puede contener neurotoxinas que afectan al sistema nervioso.

706. Los científicos creen que el ave procede de los dinosaurios terópodos.

707. La serpiente más rápida del mundo es la mamba negra.

708. Los dientes delanteros del castor siguen creciendo durante toda su vida. Su comportamiento de roer la madera ayuda a mantener los dientes cortos.

709. A los 30 minutos de nacer, los ciervos pueden caminar.

710. Los renacuajos se parecen más a los peces que a las ranas, ya que tienen largas colas con aletas y respiran por las branquias.

711. Durante la Segunda Guerra Mundial los soldados comían tejones. En Rusia se siguen comiendo tejones.

712. Algunas especies de medusas viven en agua dulce.

713. La lechuza común tiene la cara en forma de corazón.

714. Un panda gigante puede vivir hasta 20 años en la naturaleza.

715. Una foca utiliza sus bigotes para detectar a su presa.

716. El tamaño de una foca puede oscilar entre 1 m (3 pies) y 5 m (16 pies). La foca de Baikal sin orejas pesa hasta 45 kg (100 lb) y la foca de Galápagos con orejas hasta 5 m y 3.200 kg (7.100 lb).

717. El león macho tiene una melena.

718. El segundo pingüino más grande es el pingüino rey que vive en la Antártida.

719. Los erizos viven más tiempo en cautividad que en la naturaleza (4-7 años).

720. A algunos cangrejos se les caen las pinzas, que vuelven a crecer al cabo de un año.

. . .

721. Los cocodrilos tienen una dieta variada que incluye peces, aves y otros animales.

722. Una hembra de leopardo da a luz a una camada de 2 ó 3 cachorros que dejan a su madre cuando cumplen 2 años.

723. Las tres variedades de aves de corral son el Congo, el Verde y el Indio.

724. Las jirafas viven principalmente en sabanas africanas, praderas y bosques abiertos.

725. Muchas ballenas no tienen dientes.

726. Los pandas comen principalmente bambú.

727. Las tablas silvestres son la dieta principal de los tigres en diferentes partes del mundo.

728. El ganado es daltónico al rojo y al verde.

729. Los insectos son de sangre fría.

730. 1 de cada 10.000 tigres es blanco.

731. La mayoría de los cocodrilos viven en agua dulce, pero algunos viven en agua salada.

732. Las suricatas cavan madrigueras con sus largas y fuertes garras curvadas.

733. No hay hormigas autóctonas en el continente de la Antártida.

734. Los murciélagos son criaturas nocturnas.

735. Un ánade real puede vivir unos 8 años en cautividad, en comparación con los 5-10 años en la naturaleza.

736. Los pingüinos pueden beber agua de mar.

737. Un tejón puede llegar a medir un metro de largo. El europeo es más grande que las especies melíferas o americanas.

738. La anaconda no es venenosa y puede encontrarse en Sudamérica, llegando a medir más de 5 metros de largo.

739. El geco trepa bien gracias a sus singulares dedos.

740. Se cree que el mono capuchino es uno de los tipos de mono más inteligentes, ya que puede utilizar herramientas y aprender habilidades.

741. Un camaleón saca su larga lengua de la boca tan rápido que los humanos no suelen verla.

742. Las abejas obreras son hembras que recogen el polen y el néctar para alimentar a la colonia, limpian la colmena, fabrican la miel, cuidan de las crías y acicalan y alimentan a la reina. Las abejas obreras pueden vivir hasta 9 meses en invierno y 1 mes en verano.

743. Un rinoceronte tiene una piel gruesa que lo protege.

744. Hay 5 especies de rinocerontes y todos pueden pesar más de 1.000 kg.

745. Un grupo de conejeras se llama madriguera.

746. Las patas de las mariposas tienen receptores gustativos.

747. Se puede saber el estado de ánimo de una cebra por sus orejas.

748. Los pigmentos oscuros de un jaguar o un leopardo se deben a una condición llamada melanismo que se da en alrededor del 6%.

749. Un cocodrilo es un reptil.

750. Los cerdos pueden transmitir una serie de enfermedades a los humanos.

751. La seda procede principalmente de los gusanos de seda.

752. La hormiga es un insecto social de la familia de los formícidos. Proceden de ancestros parecidos a las avispas hace unos 110-130 millones de años.

753. Un mono puede vivir en el suelo o en los árboles.

754. Los colibríes viven principalmente en Sudamérica.

755. Todas las jirafas tienen cuernos, pero los de las hembras son más pequeños y están cubiertos de pelo.

756. Un erizo se comunica mediante bufidos, gruñidos y chillidos.

757. Mientras que los ratones y las ratas son ahora los principales animales utilizados en los experimentos científicos, el conejillo de indias solía serlo.

. . .

758. El ornitorrinco macho tiene un espolón en la pata trasera que es lo suficientemente venenoso como para matar a pequeños animales, por ejemplo, perros, pero el veneno no es letal para los humanos.

759. El marsupial más grande es el canguro rojo australiano.

760. Una comunidad de hipopótamos es una manada, pod, dale o bloat.

761. Un leopardo tiene un cuerpo elegante y fuerte que puede correr a 57 km por hora. También pueden nadar, trepar y saltar largas distancias. Son buenos cazadores.

762. La mayoría de las hormigas son negras y rojas, pero algunas son verdes o metálicas.

763. El ave nacional de la República Democrática del Congo es el pavo real del Congo.

764. La suricata es el único miembro de la familia de las mangostas que no tiene una cola tupida.

765. El caracol gigante africano puede alcanzar una altura de 38 cm y un peso de 1 kg.

766. El duro caparazón de una tortuga se llama caparazón.

767. El gavilán verde, de plumas verde cromo y bronce, vive en el sureste de Asia y se considera en peligro de extinción debido a su caza y a la disminución de sus hábitats.

768. Los tigres son fuertes nadadores y son capaces de nadar casi 6 km/s.

769. Un mosquito puede batir sus alas hasta 600 veces por segundo.

770. Se sabe que las focas proceden de ancestros terrestres o similares.

771. Las 5 especies de rinoceronte son el rinoceronte negro, el blanco, el indio, el de Java y el de Sumatra. Tres especies viven en el sur de Asia y las otras dos en África.

772. El ratón tiene una nariz puntiaguda, orejas pequeñas y redondas y su cola tiene muy poco pelo.

773. Las águilas construyen sus nidos en árboles altos o en acantilados.

774. Una comunidad de canguros es una turba, tropa o corte.

775. Una de las subespecies de puma que viven en Norteamérica es la pantera de Florida, de color canela claro.

776. En Sudamérica, las llamas y las alpacas son camellos del Nuevo Mundo y el guanaco y la vicuña se denominan camellos sudamericanos.

777. El colibrí tiene la capacidad de volar al revés, hacia delante y hacia atrás.

· · ·

778. Una comunidad de tejones es un ceete, pero también se conocen como clanes. A menudo, entre 2 y 15 tejones viven en un clan.

779. Las hembras viven sobre todo en grandes manadas, mientras que los machos suelen vivir solos a partir de los 13 años.

780. Un koala no es un oso.

781. Los principales depredadores de la raya son los tiburones, las focas, los leones marinos y otros peces grandes.

782. A las avispas les gusta construir sus nidos en lugares soleados, en agujeros al borde de los ríos o pegados a una pared o a un árbol. Son más peligrosas cuando se las encuentra cerca de sus nidos.

783. Los cangrejos representan el 20% de todos los crustáceos marinos capturados por el hombre cada año. En total, suman 1,5 millones de toneladas al año.

784. La dieta principal de un hámster son las semillas, las verduras, las frutas y, ocasionalmente, los insectos.

785. Los ciervos, los alces, los renos y los alces pertenecen a la familia de los cérvidos.

786. Las largas patas de los ciervos se adaptan a los entornos en los que viven.

787. El cocodrilo más grande es el de agua salada.

. . .

788. Los caimanes en América viven en los estados del sur, por ejemplo, en Florida y Luisiana.

789. Un caballo tiene la capacidad de dormir de pie o tumbado.

790. Hay unas 40.000 especies de arañas diferentes en el mundo.

791. Los delfines se comunican mediante chasquidos y silbidos.

792. Las cobayas hacen diferentes ruidos en diferentes momentos. Ronronean cuando están contentos y silban cuando están excitados.

793. Hay unas 264 especies de monos en el mundo.

794. Una comunidad de ovejas es un rebaño, una manada o una turba.

795. Las libélulas, los peces y otros insectos acuáticos son plagas de mosquitos.

796. La vista de un guepardo es excelente y puede ver presas que están a 5 km de distancia.

797. La dieta principal del hipopótamo es la hierba.

798. Los erizos duermen principalmente durante el día y salen por la noche a buscar comida.

799. Hay más de 100 razas de perros.

800. El jaguar puede encontrarse en bosques y llanuras abiertas, pero prefiere vivir en selvas densas.

801. Los tucanes tienen los picos más largos del mundo en comparación con el tamaño de su cuerpo.

802. La vista de un águila es excelente.

803. Un colibrí conserva su energía por la noche entrando en torpor, un estado de sueño similar a la hibernación.

804. Un león no tiene mucha resistencia, por lo que sólo puede correr muy rápido (hasta 81 km/h) durante breves periodos.

805. El tejón es un animal nocturno y sale por la noche.

806. El perezoso de tres dedos es diurno y generalmente activo durante el día, en comparación con la variedad de dos dedos, que es principalmente nocturna y sale por la noche.

807. Un pulpo tiene 3 corazones.

808. El pico de la mayoría de los colibríes es largo y fino para poder alcanzar el néctar del interior de las flores.

809. Las especies de peces payaso incluyen formas amarillas, anaranjadas, rojizas y negruzcas con la mayoría cubiertas de manchas o barras blancas.

810. Los dragones de Komodo viven en varias islas de Indonesia.

811. Sólo las abejas hembras (reina y obreras) pueden picar. Una abeja de la miel sólo puede picar una vez porque las púas arrancan el aguijón de la abeja y ésta muere.

Los aguijones de los abejorros y las avispas no tienen púas, por lo que pueden picar varias veces sin morir.

812. La mejor manera de evitar pisar una raya y recibir una posible picadura es arrastrar los pies cuando se camina por un fondo marino arenoso y poco profundo.

813. Algunas tortugas tienen la capacidad de esconder la cabeza en su caparazón cuando son atacadas.

814. El conejillo de indias fue introducido por los europeos en el siglo XVI y ahora es una mascota popular.

815. Las cigarras son muy ruidosas, algunas suenan hasta 120 decibelios.

816. Un parlamento es un grupo de búhos.

817. La cola del leopardo le ayuda a mantener el equilibrio y a girar bruscamente, ya que es casi tan larga como su cuerpo.

818. El pelaje oscuro de la pantera negra le ayuda a esconderse fácilmente y a acechar a sus presas. A menudo se le llama el fantasma del bosque.

819. Los koalas comen sobre todo un tipo de hoja de eucalipto.

. . .

820. Un caimán tiene una mandíbula débil para que una persona pueda mantenerla cerrada con sus manos.

821. Los hipopótamos pasan la mayor parte del tiempo en ríos, lagos y pantanos.

822. El número de hormigas que están vivas en cualquier momento es de 1 a 10 cuatrillones, es *decir*, 10.000.000.000.000.

823. Un hámster lleva la comida en sus grandes mejillas, que a veces duplican o triplican el tamaño de su cabeza.

824. La ardilla cuenta con unas 280 especies.

825. Un drake es un pato macho, una gallina es una hembra y un patito es un bebé.

826. Un hámster frota sus glándulas odoríferas en los objetos para encontrar su camino.

827. Aunque la mayoría de las especies de tiburones miden menos de un metro, algunas pueden llegar a medir 14 metros, como el tiburón ballena.

828. Un escorpión puede sobrevivir entre 6 y 12 meses sin comer, ya que tiene grandes órganos para almacenar comida y generalmente está inactivo.

829. Con sus glándulas, las tortugas marinas pueden eliminar la sal del agua que beben.

830. Los ratones construyen su hogar cerca de la comida, ya que necesitan comer entre 15 y 20 veces al día.

831. El nombre de un koala bebé es Joey.

832. A excepción de los insectos, los colibríes tienen el metabolismo más alto de todos los animales debido a la necesidad de mantener sus alas batiendo rápidamente. Por ello, el colibrí visita cientos de flores cada día y come más en néctar cada día que su propio peso.

833. Los cerdos salvajes o jabalíes se cazan con frecuencia en la naturaleza.

834. Un erizo no puede ver muy bien, pero puede oler y oír bien. También pueden nadar, trepar y correr muy rápido.

835. La pantera negra tiene manchas que son difíciles de ver porque su pelaje es oscuro.

836. El tuatara que vive en Nueva Zelanda es un reptil.

837. Las suricatas se dispersarán por la entrada de su madriguera más cercana para una llamada de alarma de depredador terrestre de alta urgencia. Pueden agacharse y mirar hacia el cielo para una llamada de alarma de depredadores aéreos de alta emergencia.

838. Hay tres grupos de caracoles: terrestres, marinos y de agua dulce.

839. Se cree que el dios de la guerra en la cultura hindú monta un pavo real.

· · ·

840. Casi todos los loros comen semillas, mientras que algunos comen frutas, flores y pequeños insectos.

841. Un águila es un ave de presa.

842. Los hipopótamos se enfrían descansando en el agua.

843. Los koalas son silenciosos, excepto cuando se reproducen.

844. Cuando una ardilla nace, es ciega.

845. La raya se alimenta principalmente de moluscos, mariscos y pequeños peces.

846. La nutria más pequeña mide 0.6 m y pesa 1 kg, mientras que las más grandes pueden llegar a medir 1,8 m y pesar 45 kg.

847. Casi todos los monos tienen cola.

848. Los insectos vienen con 2 antenas.

849. El pingüino más agresivo es el de barbijo, que recibe su nombre por la fina banda negra que tienen bajo la cabeza y que parece un casco.

850. La especie más grande de flamencos es el flamenco mayor, que puede alcanzar una altura de 1,5 m (5 pies) y un peso de 3,5 kg (8 libras). El flamenco menor sólo mide 90 cm (3 pies) y pesa 2,5 kg (5,5 libras).

851. Un conejo nace sin pelo y con los ojos cerrados.

• • •

852. El jaguar suele saltar al agua o desde un árbol cuando acecha a su presa.

853. Los cerdos asilvestrados son una amenaza para el ecosistema local.

854. Una madre gorila sostiene a su bebé cerca de su pecho durante unos meses antes de llevarlo a la espalda.

855. El cangrejo tiene un caparazón de carbonato de calcio que protege sus tejidos blandos.

856. En un clan de suricatas siempre habrá un centinela de guardia para que los demás puedan buscar comida.

857. Un leopardo macho sabe cuándo una hembra está lista para aparearse oliendo el olor que deja en los árboles o escuchando su llamada.

858. La mariposa adulta saldrá de la crisálida y esperará unas horas para que sus alas se llenen de sangre y se curen, antes de volar por primera vez.

859. El pato está emparentado con los cisnes y los gansos.

860. Las 4 etapas de la vida de un mosquito son: huevo, larva, pupa y adulto.

861. La vida de una mariposa es de una semana a un año.

. . .

862. Los gorilas son herbívoros y se alimentan de bambú y plantas frondosas. Los gorilas adultos comen unos 30 kg de comida al día.

863. Un poni come aproximadamente la mitad de lo que come un caballo si tuviera el mismo tamaño.

864. Los tejones viven en Europa, Gran Bretaña, Irlanda y Norteamérica. También se encuentran en Asia: Malasia, Indonesia, China y Japón. El tejón de la miel vive en África, el desierto de Arabia, la India y Turkmenistán.

865. El tucán más común es el tucán de Toco, con un gran pico amarillo anaranjado de punta negra.

866. Algunos peces planos pueden esconderse en el fondo del océano utilizando el camuflaje.

867. Un guepardo sólo necesita beber cada 3-4 días.

868. El lagarto más grande es el dragón de Komodo, con una longitud de hasta 3 metros.

869. Himmy, un gato de Australia, es el gato doméstico más pesado conocido en el mundo, con un peso de 21,3 kilogramos (46,8 libras) al morir durante su décimo año, en 1986.

870. Sólo los grillos machos gorjean frotando los bordes de sus alas delanteras. Los grillos hembra no pitan.

• • •

871. El pez payaso es inmune a la picadura asesina de una anémona de mar, ya que tiene una capa de moco en su piel.

872. El pico del tucán está hecho de queratina y es muy ligero y grande para mantenerlo fresco en el calor.

873. Los mosquitos son portadores de enfermedades, como la malaria y la fiebre amarilla, y causan más muertes que cualquier otro animal, ya que transmiten enfermedades a las personas y a otros animales.

874. Los hipopótamos están amenazados porque son cazados por su carne y sus dientes.

875. Una hormiga reina es la cabeza de su colonia. Un zángano es una hormiga macho y su trabajo es aparearse con la reina. Una hormiga hembra cuida de la reina y sus crías buscando comida, construyendo el nido y defendiendo la colonia.

876. El sapo de caña es originario de América del Sur y Central. Se introdujeron en Australia para combatir los escarabajos plaga de las plantaciones de caña de azúcar y ahora son plagas.

877. Una liebre bebé nace con pelo y con los ojos abiertos.

878. Las medusas pueden ser transparentes o translúcidas.

879. Un caballo puede ver en 360 grados, ya que sus ojos están en el lado de la cabeza.

880. Un caracol puede vivir hasta 25 años.

881. Las 300 especies de pulpo pueden tener aletas o no. Los pulpos con aletas viven en aguas profundas y los sin aletas en arrecifes de coral poco profundos.

882. Una rana es un anfibio, ya que necesita agua para sobrevivir. Una rana bebé se llama renacuajo.

883. Un caballo puede galopar a 44 km/h.

884. Una ballena a menudo parece que está sonriendo debido a su labio inferior arqueado.

885. Hay 25 tipos de hámsters.

886. Los peces payaso se alimentan de los tentáculos muertos y los parásitos de las anémonas de mar. Con sus brillantes colores, atraen a sus presas y les proporcionan nutrientes con sus excrementos.

887. El cangrejo más pequeño es el de los guisantes, con una anchura de apenas unos milímetros. En comparación, el cangrejo más grande es el cangrejo araña japonés, con una envergadura de 4 metros.

888. Un cachorro de lobo nace sordo y ciego y pesa unos 0,5 kg. Comienzan a cazar en manadas de lobos a la edad de unos 8 meses.

889. También los animales pueden desarrollar albinismo.

890. El caimán tiene un hocico en forma de U, mientras que el cocodrilo tiene un hocico más puntiagudo en forma de V.

891. El tucán es un ave con una lengua larga y estrecha de hasta 15 cm.

892. Los ciervos se cazan a menudo por su cornamenta.

893. El gran tiburón blanco es de sangre caliente, lo que lo diferencia de otros tiburones.

894. La nutria de mar y la nutria norteamericana se cazaban a menudo por su piel.

895. Al ornitorrinco le gusta dormir unas 14 horas al día.

896. Un insecto tiene 3 pares de patas.

897. Alrededor del 20% de las especies de aves migran largas distancias cada año.

898. La cebra Marty protagonizó la película de 2005 Madagascar.

899. 5 especies de rinocerontes están catalogadas como en peligro de extinción.

900. Un gato tiene un fuerte sentido del olfato y un excelente oído.

901. En el mundo hay unos 33 tipos de focas.

902. Una hembra de elefante (vaca) tiene un bebé cuando tiene unos 12 años. En comparación con una humana que está embarazada durante 9 meses, una vaca elefante está embarazada durante 22 meses.

903. Una serpiente tiene que tragarse a su presa porque no puede morder.

904. El cangrejo es omnívoro y come algas, bacterias, otros mariscos, gusanos y hongos.

905. Un perezoso se mueve lentamente en el suelo, a unos 2 metros (6.5 pies) por minuto. Sólo son un poco más rápidos, unos 3 metros (10 pies) por minuto cuando se mueven sobre un árbol.

906. El escorpión es uno de los signos del zodiaco. Escorpio es también una de las constelaciones estelares.

907. Una foca pasa la mayor parte de su tiempo en el agua. Sólo viene a tierra para aparearse, tener una cría, mudar o huir de los depredadores marinos.

908. Un camaleón proyecta su lengua hacia fuera más del doble de la longitud de su cuerpo para atrapar la comida. La lengua forma una especie de ventosa.

909. Las ballenas adultas viven en grupos para cuidar a sus crías. Los grupos suelen ser todos machos o hembras.

910. El cuerno de un rinoceronte está hecho de queratina, igual que la uña y el pelo de una persona.

911. Los leopardos (Panthera pardus), los jaguares negros o blancos (Pantera Onca) y una subespecie del puma (Puma Concolor) son panteras.

912. Los colibríes reciben su nombre por el sonido de zumbido que hacen al batir sus alas rápidamente.

913. Un conejo vive unos 10 años.

. . .

914. El castor es principalmente nocturno y sale por la noche para alimentarse.

915. Un cocodrilo libera calor a través de su boca, no de sus glándulas sudoríparas.

916. Las picaduras de medusa pueden ser muy dolorosas y pueden matar a las personas, pero la mayoría son inofensivas.

917. Un atún puede nadar muy rápido, hasta 70 km/h (43 mph).

918. Los flamencos son muy sociables y viven en grandes colonias de más de mil aves. Al vivir en grupos grandes, pueden maximizar su comida, anidar y evitar mejor a los depredadores.

919. Una hembra de pez payaso pone unos 1.000 huevos que el macho protege.

920. No se puede tener una liebre como mascota.

921. Las hembras de los saltamontes son más grandes que los machos y pueden crecer desde 5 cm (2 pulgadas) hasta 12,7 cm (5 pulgadas).

922. A un ratón le puede crecer la cola tanto como el cuerpo.

923. Un erizo tiene cerca de 5.000 espinas.

924. Los dos tipos más comunes de avispas son el avispón y la avispa amarilla. Hay unas 100.000 especies en el mundo.

. . .

925. El grueso pelaje de los camellos los aísla del calor del desierto. También se aclara su color en verano para reflejar el calor.

926. Los cocodrilos son de sangre fría.

927. El poni se crió por primera vez para tirar de una carreta o un carruaje.

928. Algunas aves pueden crear y utilizar herramientas, ya que pueden ser muy inteligentes.

929. Un poni es un caballo pequeño.

930. La bandera de Dominica tiene un loro sisserou.

931. Casi todos los reptiles son de sangre fría.

932. El principal alimento de la mayoría de las mariposas es el néctar de las flores.

933. Una foca hembra, también llamada vaca, da a luz una vez al año en tierra.

934. Un hámster tiene un pelaje grueso y sedoso, patas cortas, pies anchos, cola corta y ojos grandes. También tienen orejas pequeñas.

935. El delfín más conocido y común es el delfín mular.

936. En la película de animación de 2003 Buscando a Nemo, Nemo era un pez payaso.

937. La segunda especie de grandes felinos es el león. Los tigres son los más grandes.

. . .

938. Un águila real caza zorros, gatos monteses, ciervos jóvenes y cabras.

939. Un wether es una oveja macho castrada.

940. Un pavo real utiliza las espuelas de sus patas para luchar con otros pavos reales machos.

941. Hay más de 30 especies de ratones que conocemos.

942. Un paso de peatones suele llamarse paso de cebra por las rayas blancas y negras de las cebras.

943. Los pingüinos de la Antártida no tienen depredadores terrestres.

944. Las abejas carpinteras, las abejas albañiles, las mineras y las excavadoras hacen sus propios nidos.

945. Un caracol de jardín común es uno de los animales más lentos de la Tierra y su velocidad más rápida es de unos 45 metros (50 yardas) por hora.

946. Un tejón tiene patas cortas que le sirven para cavar madrigueras. Las madrigueras suelen ser un laberinto de túneles y habitaciones lo suficientemente grandes como para que duerman 6 tejones.

947. Las medusas tienen forma de paraguas.

948. La aracnofobia es un miedo anormal a las arañas.

949. Todos los años a los ciervos les crece una nueva cornamenta.

. . .

950. Un koala tiene una huella dactilar igual que un humano.

951. Las tarántulas se encuentran en todo el mundo y pueden matar a ratones, lagartos y aves.

952. El único gran gato que no puede rugir es el guepardo.

953. Una ardilla voladora no puede volar, pero puede planear.

954. Una manada de leones puede incluir hembras, cachorros y algunos machos adultos.

955. Un castor puede nadar bien gracias a sus patas palmeadas. También pueden permanecer bajo el agua hasta 15 minutos.

956. Un búho puede girar su cabeza hasta 270 grados.

957. Un caracol puede desgarrar su comida en trozos más pequeños con su lengua, que tiene miles de dientes microscópicos.

958. La mascota de los Juegos Olímpicos de Invierno de 1988 en Calgary fue el oso polar.

959. No se pueden encontrar escorpiones en la Antártida.

960. Los leopardos suelen ser de color crema con manchas doradas, pero algunos tienen manchas oscuras sobre el pelaje negro.

· · ·

961. Un símbolo sagrado muy popular en el Antiguo Egipto era el escarabajo.

962. El cerebro de un mamífero es generalmente más grande en relación con su cuerpo que el de un reptil.

963. Una persona fuerte puede mantener cerrada la mandíbula de un cocodrilo con sus propias manos.

964. El rinoceronte blanco es el segundo mamífero terrestre más grande.

965. Un colibrí puede vivir hasta 12 años, pero normalmente vive entre 3 y 5 años.

966. Peter Rabbit es un "conejo de casa", ya que es un conejo de compañía que vive en el interior.

967. El orden más numeroso de todo el reino animal, que representa casi el 30%

de todos los animales, es el de los coleópteros (escarabajos).

968. El águila figura en el escudo de muchos países, como Austria, Egipto, Polonia, Alemania y México.

969. Los peces limpiadores eliminan los parásitos y la piel muerta de otros peces.

970. Los sapos viven más tiempo en cautividad que en la naturaleza. En la naturaleza, viven unos 3-5 años, pero en cautividad han llegado a vivir hasta 39 años.

971. Los pandas están en peligro de extinción, ya que quedan menos de 2.000 en estado salvaje.

972. Un perro es un animal inteligente que puede cazar, perseguir ovejas, vigilar a las personas y puede ser entrenado para ser un perro de apoyo para una persona con discapacidad.

973. Los flamencos viven más tiempo en cautividad que en la naturaleza.

974. Los cangrejos machos se pelean por los agujeros donde se esconden las hembras.

975. Los patos buceadores son pesados para poder permanecer bajo el agua durante más tiempo en busca de alimento.

976. Alrededor del 25% de las especies de escorpiones tienen un veneno en sus picaduras que puede matar a un ser humano.

977. Mucha gente cree que un hámster es una buena mascota porque es fácil de cuidar y se lleva bien con las personas. También se utilizan para experimentos científicos.

978. Los peces payaso nacen machos y el más grande se convierte en hembra cuando la hembra dominante de un grupo muere.

979. Los grandes felinos de color, como los leopardos, son más fértiles y menos agresivos que la pantera negra.

. . .

980. Cuando un huevo de tortuga eclosiona, la cría se dirige a la parte superior de la arena y trata de llegar al agua para alejarse de los depredadores terrestres.

981. A la nutria le gusta cazar persiguiendo peces, ranas, cangrejos de río y cangrejos.

982. La orca (o ballena asesina) es en realidad un delfín.

983. Los gorilas son inteligentes y se les ha enseñado el lenguaje de signos en cautividad.

984. Un insecto tiene 6 patas mientras que una araña tiene 8.

985. Una ardilla tiene ojos grandes para poder trepar a los árboles y huir de los depredadores.

986. Una cría de tiburón, también llamada cachorro, nace preparada para cuidar de sí misma. La cría huye rápidamente antes de que su madre intente comérsela.

987. Las focas hembras viven más tiempo que los machos, hasta 25-30 años.

988. El jaguar aparece en muchas culturas americanas antiguas, como la maya y la azteca.

989. El pato azulón o silvestre es el más común del mundo.

990. Un elefante respira a través de su trompa, como un esnórquel, cuando está nadando.

· · ·

991. Los reptiles tienen un caparazón exterior y están cubiertos de escamas.

992. La abeja reina puede vivir de 2 a 5 años y su único trabajo es poner huevos, aproximadamente 1.500 huevos al día.

993. El pingüino más pequeño es el pequeño pingüino azul, que mide una media de 33 cm y vive en Australia y Nueva Zelanda.

994. Un mosquito de la familia Culicidae es una mosca parecida a un mosquito.

995. Las espinas del erizo bebé son huecas. No son venenosas y se caen cuando se convierten en adultos.

996. El nombre del panda gigante de "Kung Fu Panda" era Po.

997. La cobaya es una especie de roedor de la familia Cavidae.

998. Un hipopótamo da a luz en el agua.

999. Los sapos son nocturnos y salen por la noche para alimentarse.

1000. La dieta principal del oso polar es la foca.

1001. Los perezosos viven en árboles que abandonan aproximadamente una vez a la semana para ir al baño en el suelo. Cuando están en el suelo, pueden ser atacados por jaguares o serpientes.

1002. Los osos polares tienen unos 10 cm de grasa bajo la piel que los mantiene calientes.

1003. A veces las ballenas se pierden y se extravían, ya que pueden cometer errores de navegación.

1004. Los patos están en todos los continentes excepto en la Antártida.

1005. En posición erguida, un suricato adulto puede medir entre 25 y 35 cm de altura (9,8-13,8 pulgadas).

1006. El escorpión es nocturno. Esto significa que salen por la noche para alimentarse y se esconden durante el día.

1007. Una de las serpientes más venenosas del mundo es la serpiente de mar.

1008. Un mosquito puede percibir el CO_2 hasta 30 metros de distancia, por lo que les gusta volar alrededor de nuestras cabezas. Prefieren la sangre de tipo 0, las mujeres embarazadas y las personas con alto calor corporal.

1009. Un caimán es un reptil.

1010. Un cangrejo suele caminar de lado, pero algunos pueden caminar hacia delante o hacia atrás.

1011. Un cangrejo se comunica tamborileando o agitando sus pinzas.

1012. Cuando una jirafa bebe, no puede vigilar a los depredadores y se encuentra en su momento más vulnerable.

1013. Un cordero es una oveja joven.

1014. Los flamencos nacen grises y se vuelven rosados debido al betacaroteno que se encuentra en el alimento natural que consumen en la naturaleza.

1015. Un sapo tiene la piel correosa cubierta de verrugas y las patas más cortas que las de una rana.

1016. Los hámsters pueden ser de color negro, blanco, gris, miel o amarillo, marrón o rojo.

1017. Los animales más utilizados en los laboratorios son los ratones y las ratas.

1018. Los camellos se han utilizado para muchos fines. Los romanos los utilizaban para ahuyentar a los caballos que se asustaban de su olor y, en los tiempos modernos, han transportado cargas, incluso personas, a través de los desiertos.

1019. A los hámsters les gusta cavar y pueden crear madrigueras de más de 500 cm de profundidad.

1020. El tamaño de los hamsters puede variar entre 5,5-10,5 cm de longitud y 34 cm.

1021. Algunas medusas son casi invisibles para los humanos.

1022. A los osos polares les gusta pasar la mayor parte del tiempo en el mar.

1023. El tamaño de los camaleones puede oscilar entre 15 mm y 69 cm.

1024. Los científicos pueden estimar la edad de una ballena cortando el tapón de cera de su oído.

1025. Para ayudarse a extraer el néctar de las flores, las abejas utilizan su larga probóscide o lengua para recoger el polen en cestas en su cuerpo.

1026. El albinismo es una mutación rara en muchos animales.

1027. Una cierva es un ciervo hembra.

1028. No hay pingüinos en el Polo Norte.

1029. Desde hace miles de años, las palomas mensajeras se crían para llevar mensajes y encontrar el camino a casa.

1030. Un cachorro de panda gigante pesa unos 150 gramos cuando nace.

1031. El mayor mamífero que vive en tierra es el elefante.

1032. El nombre de un ciervo joven es cervatillo.

1033. Un jaguar es más grande que un leopardo y tiene manchas más pequeñas con pequeños puntos en el centro.

1034. En Sudamérica, el conejillo de indias es importante como fuente de alimento, medicina o como parte de una ceremonia religiosa.

1035. Los tejones han aparecido en muchos libros británicos, por *ejemplo*, "Tommy Brock" en El cuento de Mr. Tod de Beatrix Potter, "Mr. Badger" en El viento en los sauces y "Trufflehunter" en Las crónicas de Narnia.

1036. Las alas de un colibrí pueden batirse entre 50 y 200 veces por segundo, lo que significa que pueden volar hasta 15 metros/segundo (54 km/h o 34 mph).

1037. Muchos delfines mueren por culpa de las redes de pesca.

1038. La mayoría de los caracoles son herbívoros y se alimentan de hojas y flores, pero algunas especies más grandes son omnívoras o carnívoras.

1039. Los párpados de un camaleón están unidos con un pequeño orificio por el que pueden ver. Pueden mirar en diferentes direcciones al mismo tiempo, ya que sus ojos se mueven de forma independiente.

1040. La mordida del jaguar es más fuerte que la del león.

1041. Algunos cocodrilos pesan más de 1.200 kg.

1042. Las jirafas macho luchan con sus cuellos por las jirafas hembras.

1043. Los ponis son más fuertes que los caballos.

1044. Un pulpo puede esconderse y camuflarse cambiando de color cuando está en peligro. También pueden utilizarlo para avisar a otro pulpo.

1045. Los cerdos tienen pulmones pequeños.

1046. Una rana tiene una lengua que está unida a la parte delantera de su boca, por lo que puede sacarla mucho más que un humano, lo que le ayuda a atrapar su comida.

1047. Un buey es una vaca entrenada para ser un animal de tiro.

1048. Los perezosos están emparentados con los osos hormigueros y los armadillos y pertenecen al orden de las pilosas.

1049. Los camellos tienen características que les ayudan a vivir en el desierto. Sus largas pestañas, el pelo de las orejas y los orificios nasales que se cierran impiden que la arena les afecte y sus anchos pies hacen que no se hundan al caminar por la arena.

1050. La araña tarántula no suele ser peligrosa para el ser humano.

1051. Las nutrias pueden vivir hasta 16 años en la naturaleza.

1052. Un zángano vive entre 40 y 50 días y no tiene aguijón ni recoge polen o néctar. Su función es aparearse con la reina.

1053. Los leones salvajes viven sobre todo en el sur y el este de África.

1054. Una tortuga y un galápago son reptiles.

1055. Los monos araña se llaman así porque tienen brazos, piernas y cola largos.

1056. Las rayas pueden desplazarse por el agua agitando sus aletas como los pájaros o moviendo su cuerpo con un movimiento ondulante.

· · ·

1057. Cuando se intenta atrapar a una lagartija por la cola, algunas pueden soltar la cola para escapar.

1058. El canguro es el símbolo de la aerolínea australiana Qantas y puede verse en la cola del avión.

1059. Hay unas 40 especies diferentes de tucanes bajo el nombre de familia Ramphastidae.

1060. Los cocodrilos son buenos depredadores debido a sus características físicas.

1061. Ailuropoda melanoleuca no es una planta. Es el nombre científico del panda gigante.

1062. La cabeza, el tórax y el abdomen son tres partes del cuerpo de un insecto.

1063. Una vaca tiene 4 estómagos para ayudar a digerir su comida.

1064. Una jirafa macho puede pesar hasta 1.400 kilos, ¡el tamaño de un pequeño camión!

1065. Los canguros son marsupiales que se encuentran en Australia y Nueva Guinea.

1066. Algunos tiburones se mantienen en movimiento toda su vida, forzando el agua sobre sus branquias para llevar oxígeno a su torrente sanguíneo. Si dejan de moverse, pueden asfixiarse y morir.

1067. Los perezosos tienen una duración de vida diferente según vivan en la naturaleza o en cautividad. En la naturaleza, pueden vivir hasta 10-16 años y en cautividad, hasta 30 años.

1068. Las ardillas voladoras pueden planear más de 90 metros o 295 pies.

1069. El nombre común de un orden de insectos llamado Coleoptera es escarabajo.

1070. Una oveja tiene 4 cámaras en su estómago.

1071. Cuando un pulpo se ve amenazado, escapa expulsando una tinta espesa y negruzca para distraer al depredador. A continuación, nadan rápidamente utilizando un sistema de propulsión de chorro de sifón.

1072. A las hembras de los mosquitos les gusta poner sus huevos en aguas tranquilas, incluso en charcos poco profundos.

1073. Aunque algunas arañas pueden picar a los humanos e inyectarles veneno, la mayoría son inofensivas y no provocan la muerte.

1074. El mamífero más feroz es el tejón melero carnívoro.

1075. Los tejones son pequeños mamíferos con cuerpo plano y en forma de cuña, orejas pequeñas y patas anchas con largas garras. Tienen el pelo negro, marrón, dorado o blanco.

1076. Los cocodrilos y los caimanes forman parte del orden "Crocodylia".

1077. La cola de los conejos en realidad es larga y delgada.

. . .

1078. Si un hipopótamo se siente amenazado, puede ser extremadamente agresivo.

1079. Un conejillo de indias no es un cerdo ni es del país Guinea.

1080. Un simio no es un mono. Un humano es un mono.

1081. Una criatura con 10 patas se llama decápodo. Los cangrejos tienen 10 patas, incluidas sus dos pinzas delanteras.

1082. Los cocodrilos tienen patas cortas pero pueden correr muy rápido.

1083. El tigre es el animal nacional de Malasia, India, Bangladesh y Corea del Sur.

1084. Un camaleón es un lagarto que puede cambiar de color. Hay más de 160 especies en el mundo.

1085. De todos los animales del mundo, el cocodrilo tiene la mordedura más fuerte.

1086. Los bichos también se tiran pedos. Uno de los datos más interesantes de los insectos es que se tiran pedos. El tipo de gas más común que producen estos insectos es el metano y el hidrógeno. Algunas de estas especies de insectos pueden tener pedos que apestan, pero no podríamos olerlos, ya que desprenden volúmenes diminutos.

. . .

1087. Las moscas de piedra son insectos que hacen flexiones para atraer a una posible pareja. Las moscas de piedra prefieren vivir en arroyos y aguas. Sólo en Norteamérica existen 500 especies. Suelen aparearse en enjambres, pero cuando lo hacen en el suelo, las moscas de piedra macho golpean con su cuerpo el suelo o la vegetación para atraer a la hembra. Algunas se aparean de forma prolífica y crean múltiples crías.

1088. Los insectos tienen cerebro. La mayoría de nosotros podría suponer que los insectos y los bichos no tienen cerebro, pero he aquí una sorpresa: ¡lo tienen! Incluso los insectos más pequeños lo tienen. Pero no se espera que su cerebro sea tan importante como el de los humanos. De hecho, pueden vivir unos días sin la cabeza si se tiene en cuenta que no pierden grandes cantidades de hemolinfa o sangre de los insectos. Sin duda, uno de los hechos de bichos más sesudos de la actualidad.

1089. Los insectos también sienten dolor. Los científicos afirman que la mayoría de las especies de insectos y bichos que conocemos experimentan algún tipo de dolor. Con el reciente avance de la tecnología, nuevas y contundentes pruebas en la investigación también demuestran que los insectos también pueden sentir un dolor crónico que dura mucho tiempo después de una lesión o traumatismo en la cabeza.

1090. El olor de tus oídos atrae a los bichos. Aunque no es habitual, los bichos pueden entrar y permanecer en tus oídos durante unos días. Las cucarachas, por ejemplo, se sienten atraídas por el olor que desprenden tus oídos y se meten dentro cuando estás durmiendo. Una vez que el bicho está dentro del oído, puedes sentir cómo se retuercen sus patas e instintivamente te rascas la oreja, lo que empuja a la cucaracha o al bicho más adentro de los canales de tus oídos. En la mayoría de los casos, acaban muriendo en el interior después de unos días, pero también existe la posibilidad de que prosperen y encuentren su camino hacia el exterior del oído. Esta sensación suele ser irritante y dolorosa.

1091. Los caballitos del diablo son insectos que vagan por la tierra desde hace 300 millones de años. Estos insectos pertenecen a la familia de los zigópteros. Son primos de las libélulas. En comparación con las libélulas, tienen una estructura más delgada y pequeña, con un cuerpo que mide entre 3 y 5 centímetros. Estas especies llevan más tiempo vagando por el planeta que la mayoría de las especies que aún tenemos hoy en día.

1092. El barquero del agua es un insecto acuático que respira por el trasero. También se les llama escarabajos buceadores.

. . .

Uno de los datos más interesantes de los bichos es que, al igual que otros insectos, necesitan respirar en la superficie del agua. Pero tienen un ingenioso truco que les permite permanecer en el agua durante mucho tiempo. Cuelgan su cuerpo boca abajo y recogen aire a través de su abdomen, que es como un tubo de respiración. Suben a la superficie cuando se les acaba el suministro.

1093. Los escarabajos Titán son los mayores bichos de su especie. También conocidos como escarabajos neotropicales de cuernos largos, sus especies son del género Titanus. Son los escarabajos más grandes hasta la fecha. Pueden crecer hasta siete pulgadas de longitud. Sus poderosas mandíbulas también son fuertes. Son lo suficientemente fuertes como para partir en dos lápices de madera. Aunque su tamaño es aterrador y sus mordeduras son temibles, son completamente inofensivos para los humanos.

1094. No todas las especies de insectos necesitan alimentarse durante su vida. Los escarabajos titanes son los más grandes de su especie, pero son gigantes inofensivos y amables. Las larvas de titán suelen alimentarse de maderas en el suelo que se descomponen y luego tienen unas semanas para convertirse en adultos. El macho no se alimenta durante toda su vida adulta, pero necesita algún tipo de energía para poder volar.

1095. Los escarabajos tienen la mayor población de organismos del planeta. Uno de los datos más interesantes sobre bichos que conocemos es que, entre todas las especies y organismos del planeta, los escarabajos son, con diferencia, la especie más grande que existe. Según las investigaciones, hay al menos 350.000 especies de escarabajos en el mundo y muchas están aún por descubrir. Sólo en Estados Unidos se conocen 30.000 tipos de escarabajos.

1096. Los bichos pueden vivir en cualquier parte. Los insectos y los bichos tienen una forma única de sobrevivir. El hecho de que puedan vivir en cualquier lugar del planeta lo demuestra. Los bichos pueden encontrarse en las partes más frías y más calientes del mundo, pero rara vez encuentran un hábitat adecuado en el océano.

1097. Los insectos también necesitan el sol. Las libélulas son insectos mágicos y viven felices entre nosotros con la ayuda del sol. El calor del sol les da la energía suficiente para volar. Cuando el sol ya no se ve porque se oculta tras un grupo de nubes, las libélulas también se posan para descansar. También les gusta comer a sus compañeros insectos, ¡como los mosquitos!

1098. Las chinches son inofensivas. Las chinches, también llamadas Armadillidiidae, son como las gambas.

También tienen branquias que les permiten respirar. Suelen encontrarse en zonas húmedas. Son bichos inofensivos, ya que no pican, ni muerden, ni transmiten enfermedades. Pueden tender a dañar las raíces de las plantas cuando se alimentan, pero no dañan nada aparte de eso.

1099. Los escarabajos son insectos que se pueden acariciar. Hay especies de escarabajos que pueden ser mascotas, como el escarabajo ciervo. Son muy populares en Japón. Allí se pueden comprar en muchas tiendas. Como propietario de escarabajos, asegúrate de que su recinto tenga los materiales necesarios para que puedan vivir. Prepara tanques de plástico o cristal, tierra y madera. También hay que seguir una crianza responsable de los escarabajos.

1100. Las picaduras de los insectos pueden beneficiarte. Las abejas son insectos que utilizan su aguijón cuando se sienten atacadas. La mayoría de las veces es completamente inofensivo. De hecho, son las abejas las que sufren las consecuencias si nos pican: mueren. Pero las investigaciones demuestran que el veneno de las abejas se ha utilizado para ayudar a tratar enfermedades como la artritis, la esclerosis y la tendinitis.

1101. Las termitas son insectos a los que les gusta la música rock.

. . .

Uno de los datos más interesantes sobre los insectos que queremos compartir es que las termitas utilizan las vibraciones para saber qué tipo de madera tienen a su alrededor. Estas vibraciones les permiten encontrar la mejor fuente de alimento. Cuando escuchan música heavy metal o rock, pueden masticar la madera más rápido que su ritmo habitual.

1102. Algunos insectos se parecen. Las cucarachas y los escarabajos se parecen en muchos aspectos. Pueden ser similares en color, tamaño y forma. Cuando ves bichos dentro de tu casa, tendemos a asustarnos y los bichos se intercambian la mayoría de las veces. Las cucarachas tienen antenas y patas más largas que los escarabajos. Además, las alas de una cucaracha son visibles en todo momento, incluso si están en reposo, mientras que los escarabajos pliegan las alas en un exoesqueleto que son sus cajas alares.

1103. Las cucarachas grandes son bichos peligrosos. El Libro Guinness de los Récords declaró a la Megaloblatta Longipennis como la cucaracha alada más grande del mundo. Mide al menos 3-4 pulgadas de longitud y una anchura de más de media pulgada. Es como un gran aguacate. Se pueden encontrar en Perú, Panamá y Ecuador.

. . .

Son peligrosas ya que pueden ser portadoras de desencadenantes del asma y fuentes de alérgenos. También son portadores de bacterias que podrían causar enfermedades si caen en tu comida.

1104. Los escarabajos voladores son conocidos como chinches de junio. Comúnmente llamados mariquitas o chinches, los escarabajos voladores son la especie de coleóptero o escarabajo más grande del mundo. No es habitual que piquen y, si lo hacen, es casi siempre inofensivo, a menos que la persona afectada sea alérgica a ellos. Uno de los datos más interesantes de los insectos es que vuelan como superhéroes. Puede parecer que están levitando porque se elevan a gran altura con las patas extendidas. Esta postura les permite maniobrar y hacer giros y vueltas.

1105. Los escarabajos de tierra son insectos inofensivos. Estas especies no dañan a los humanos. Los científicos dicen que no traen ninguna enfermedad si en el caso de que encuentren su camino en sus hogares. Pueden picar, pero es muy raro que lo hagan. Además, prefieren vivir fuera de sus casas, ya que se alimentan de insectos como dieta principal.

1106. Los escarabajos son atraídos por muchas cosas. Los escarabajos están en lugares donde hay humedad.

· · ·

Pero, en contra de la creencia común de que sólo están en estos lugares, los escarabajos se sienten atraídos por muchas cosas. Puedes invitar a un gran número de ellos si haces habitualmente algunas de las cosas que les gustan. Les atraen las bombillas blancas y las luces que están siempre encendidas, los cubos de basura abiertos, los productos alimenticios sin tapar y las malas elecciones en materia de jardinería.

1107. Las mariquitas son talismanes de la suerte. Transversalmente e históricamente, las mariquitas son símbolos de suerte y positividad. Dicen que cuando una mariquita se posa en cualquier parte de tu cuerpo, debes contar cuidadosamente las manchas negras de su cuerpo para predecir los años de buena suerte que puedes tener. Muchos también creen que las manchas son el número de meses que debes pasar antes de conseguir tu mayor deseo.

1108. Las polillas Goliat son el mayor insecto polilla de Norteamérica hasta la fecha. La polilla Goliat o polilla Cecropia es la especie de polilla más grande de Norteamérica. Es un miembro de las polillas gigantes de la seda con una envergadura de al menos 6-7 pulgadas o 160mm. Se alimentan de plantas como el tomate y el tabaco y de insectos como las larvas.

. . .

Estas especies ocupan un lugar importante en la cultura de los nativos americanos, ya que simbolizan la transformación, el poder, el cambio, el renacimiento y la regeneración.

1109. Los insectos tienen alas fuertes. Los insectos pueden ser criaturas frágiles y pequeñas, pero las partes de su cuerpo, incluidas las alas, están hechas de materiales resistentes. Sus alas están hechas de cutículas, que es el segundo material natural más común y fuerte del mundo. A los insectos les pueden crecer plumas cuando las necesitan, pero los bichos no tienen este lujo. Cuando se les rompen las alas, tienen que vivir con ello durante el resto de su vida y, en la mayoría de los casos, estos bichos sobreviven y viven con éxito. Definitivamente, uno de los hechos más sorprendentes de los bichos.

1110. Los "niños de la tierra" no vuelan. El grillo de Jerusalén o también conocido como el niño de la tierra es del género Stenopelmatus. No tienen alas propias, por lo que se desplazan por su hábitat saltando y no pitan como los grillos de campo y los domésticos. Se les llama chinches de tierra porque rara vez se ven ya que pasan su vida en madrigueras y subterráneos. Estos insectos sólo salen a la superficie durante la noche para ayudarse y buscar insectos y materias vegetales para comer.

1111. Los arbustos de Jerusalén no son nativos de Jerusalén. Tienen muchos nombres, pero en realidad, estos insectos no voladores no son nativos de Jerusalén. Vienen de alguna parte de México y de la zona oeste de Estados Unidos. En español, se les conoce como "El Niño de la Tierra", que significa hijo de la tierra, porque pasan la mayor parte del tiempo bajo tierra. Uno de los datos divertidos sobre esta especie es que no son verdaderos bichos ni grillos.

1112. Los bichos del diablo tienen poderosas mandíbulas. Con todas las especies de bichos que hay en el mundo, es difícil diferenciar unos de otros, pero los escarabajos del diablo se distinguen del resto. También conocido como escarabajo del diablo, esta especie pertenece a la familia de los escarabajos rojos. Mientras que la mayoría de los bichos suelen ser inofensivos, los bichos del diablo pueden adoptar posturas escorpiónicas y agresivas cuando son molestados o provocados. Abren sus poderosas mandíbulas y su parte trasera se levanta para liberar un líquido maloliente que sale de su abdomen. También tienen picaduras dolorosas y pueden hacerlo repetidamente.

1113. Los bichos más raros de la Tierra son las langostas terrestres.

. . .

Según la Colección de Entomología de la Academia, quedan al menos 5 ejemplares del bicho e insecto más amenazado del mundo que es el "Dryococelus Australis" o langosta terrestre. Son insectos palo y se creían extinguidos en los años 20, pero en el año 2001 se redescubrieron en la isla de Lord Howe.

1114. Los insectos Phylliidae son insectos que parecen hojas. También conocidos como chinches de las hojas, estos insectos caminantes o de las hojas existentes son los más notables imitadores y camufladores de hojas de todo el reino animal. Se camuflan y adoptan el aspecto de una hoja con tanta precisión que los depredadores al acecho los identifican como hojas reales. Algunas de estas especies de chinches también confunden a sus depredadores balanceándose hacia adelante y hacia atrás para imitar a las hojas que son arrastradas por el olor del viento. Realmente, éste es uno de los datos más notables sobre insectos que hemos aprendido hoy.

1115. Los escarabajos Hércules son los insectos voladores más grandes del mundo. Los escarabajos Hércules son originarios de las selvas tropicales de América Central. Es el insecto volador más grande del mundo y también es la especie de escarabajo más larga que existe. Pueden llegar a medir hasta 7-8 pulgadas de largo, incluyendo los cuernos.

La transformación del escarabajo se produce dentro de una cámara de pupa que está hecha de sus heces. Viven sobre todo de la fruta fresca y en descomposición, como las naranjas, los plátanos, las manzanas y las cerezas.

1116. Los escarabajos Hércules también son bichos de compañía. En Asia, los escarabajos Hércules son mascotas populares. Tener estos bichos es un símbolo de estatus, ya que su compra es bastante cara. Aunque sus cuernos pueden dar miedo, son inofensivos para los humanos. Lo fascinante es que también puede levantar 850 veces más que su peso corporal real. Al fin y al cabo, por eso se llama Hércules. Hablando de hechos de bichos geniales, ¿verdad?

1117. Las chinches apestosas son MUY apestosas. Aunque las chinches apestosas no pican, ni muerden, ni causan ningún daño estructural en tu casa, aspirarlas o matarlas puede desprender un mal olor. Por eso, antes de que se multipliquen en número, hay que eliminarlas de inmediato. También llamados chinches apestosas marmoradas, estos insectos pertenecen a la familia de los pentatómidos, que son nativos de Japón, Taiwán, la península de Corea y China. Se alimentan de cultivos y especies vegetales y se consideran plagas en los huertos del este de Estados Unidos.

. . .

1118. Las chinches apestosas pueden estar fuera de control. Las chinches apestosas son plagas estacionales, lo que significa que buscan lugares a los que puedan llamar sus cuarteles de invierno. El descenso de la temperatura y el acortamiento de los días hacen que se escabullan en busca de algo que los cubra. Suelen preferir las casas en invierno y se amontonan en grietas y hendiduras. Aunque son inofensivas, son plagas molestas al igual que las termitas y las hormigas cuando no están controladas y en gran número.

1119. Los grillos son equivalentes a los insectos que pronostican el tiempo. En muchas zonas del mundo, los grillos son un símbolo de buena suerte. No sólo eso, sino que también se cree que sus chirridos predicen el tiempo. Puedes obtener manualmente la temperatura en el exterior contando los chirridos de los grillos que emiten en un minuto y dividiéndolo entre 4. El número que obtengas deberás sumarlo a 40. Eso debería darte un número de temperatura estimado. ¡Qué datos más interesantes sobre los bichos!

1120. La NASA llevó mariquitas al espacio. El Columbia de la NASA llevó 4 mariquitas al espacio en julio de 1999. Las mariquitas fueron colocadas en el transbordador espacial junto con los pulgones, que son el alimento favorito de estos insectos.

. . .

Esto se hizo para que los científicos puedan investigar cómo los pulgones pueden escapar de sus depredadores sin la ayuda de la gravedad.

1121. Las arañas son insectos que fabrican seda. Las arañas son conocidas por sus telas y, en realidad, estas telas salen en forma de líquido de la hilera de la araña. En cuanto el líquido entra en contacto con el aire, se endurece y se vuelve muy resistente. Los científicos dicen que es cinco veces más resistente que el acero y es la fibra más fuerte que el ser humano pueda conocer. Sin duda, uno de los datos más interesantes de los bichos que hay que conocer.

1122. Los insectos y los bichos rara vez tienen orejas en la cabeza. A diferencia de los humanos y otros mamíferos, donde las orejas se encuentran en la parte superior de la cabeza, es muy raro encontrarlas en la cabeza de los insectos y bichos. Los grillos tienen sus membranas sonoras en las patas, mientras que los saltamontes las tienen en el abdomen. Las moscas parásitas, como los taquínidos, la tienen en el cuello. En efecto, los insectos y los bichos son criaturas interesantes.

1123. Las moscas domésticas comen vómito. Detestamos la visión de las moscas domésticas y de las especies primas de este insecto. Una cosa que debes saber es que no tienen boca para masticar o morder la comida. Utilizan sus patas para probar absolutamente todo.

Si la comida les parece apetitosa, la vomitan para ayudarse a romperla en pequeñas partículas. El vómito permite entonces a las moscas utilizar su lengua para empapar el vómito y obtener finalmente los nutrientes que contiene la comida.

1124. Algunas hormigas pueden explotar intencionadamente cuando son atacadas. Las hormigas explosivas se suicidan cuando sus colonias son atacadas. Lo hacen partiendo su piel y explotando para que los enemigos queden cubiertos por una sustancia viscosa amarilla. Esto desvía la atención del enemigo, que podría dificultar el ataque o matar al intruso de la colonia. Estas hormigas son "las prescindibles". Son las obreras menores de la colonia de hormigas que se sacrifican. Sin duda, uno de los datos más interesantes sobre los insectos.

1125. Las mantis religiosas se alimentan unas de otras cuando se aparean. El ritual de estos insectos a la hora de aparearse es bastante violento. Las mantis religiosas se comen a sus parejas. Una vez que el macho de la mantis religiosa impregna al insecto hembra, se le corta la cabeza. La hembra espera unas horas antes de devorar la cabeza de su amante. A pesar del destino de la mantis macho, sus espasmos provocarán más esperma en el abdomen de la hembra.

. . .

Una vez que ha terminado de darse un festín con la cabeza, la hembra comienza a comer lo que queda de la mantis macho para ayudarse a alimentar y mantener los 200 huevos que lleva.

1126. Las abejas reinas son bichos que graznan. Una colmena sólo debe tener una abeja reina que gobierne a todas las abejas de la colonia. Si hay dos abejas reinas en la colmena, se produce el piping. El piping es el sonido que hace una reina virgen cuando está en una celda o deambula por la colonia. Es como un sonido de graznido o graznido. Indica a las abejas obreras que se reúnan con la abeja reina a la que van a apoyar. Las dos abejas reinas lucharán hasta que una de ellas sobreviva.

1127. Las mariquitas expulsan líquidos apestosos. Cuando se asustan, las mariquitas emiten un olor persistente que sale de sus rodillas. Es una forma de disuadir a sus depredadores. Según las investigaciones, el olor es como una mezcla de pimientos, olores de moho, patatas y nueces.

1128. El avispón gigante asiático no es un bicho cualquiera. No querrá meterse con la especie de avispón más grande del planeta. Miden unos 5 centímetros y pueden volar al menos a 40 km/h.

· · ·

Cuando pican a los humanos, pueden producir un agujero en la piel al disolver su veneno y atacar el sistema nervioso de la persona. Por suerte, no son comunes en la mayoría de los lugares, ya que viven en las regiones templadas y tropicales del este de Asia. Este es uno de los datos sobre bichos más aterradores que conocemos.

1129. Los pulgones son unos de los pocos insectos que no necesitan machos para reproducirse. Estos insectos de cuerpo blando y pequeño tamaño se alimentan de las plantas. Los pulgones producen ninfas que proceden de huevos en el cuerpo de su madre. A diferencia de los insectos habituales, los pulgones son únicos, ya que se reproducen incluso sin sus machos. Cuando tienen 10 días de edad, dan a luz automáticamente y producen pequeñas ninfas.

1130. Las mariquitas son beneficiosas para el jardín. Uno de los hechos menos conocidos sobre los insectos es que no todos ellos son plagas. Esto puede ser cierto cuando vienen en un número incontrolable. ¿Pero sabía que las mariquitas pueden hacer maravillas en su jardín? Se alimentan de otros insectos, por lo que protegen su propiedad de las moscas de la fruta, los insectos dañinos y los ácaros.

. . .

1131. Las orugas superan a los humanos en cuanto a músculos. Las orugas son insectos que tienen al menos 248 músculos en la cabeza y un total de 4.000 músculos en todo su cuerpo. Los humanos sólo tienen 650 músculos en el esqueleto y pueden llegar a tener hasta 840. Pero los humanos no pueden superar el número de músculos que tienen estas orugas. Esto se debe a que necesitan todos estos músculos para empujar la sangre de sus segmentos traseros hacia los segmentos delanteros y todos ellos para moverse.

1132. Los chinches de junio son más abundantes en junio. Los chinches de junio recibieron su nombre porque suelen salir en grandes cantidades de enjambre en junio. Se esconden en los árboles a la luz del día y viajan en enjambre a principios del verano, que suele ser por la noche. Estos escarabajos son un alimento perfecto para sus lagartijas y sapos.

1133. Los escarabajos japoneses levantan las patas para asustar a los intrusos. Estos escarabajos se encuentran en toda Asia, Canadá, Estados Unidos y Europa. Viven en patios, cultivos y campos. Por eso tienden a ser destructivos para los cultivos cuando están en gran número. Las chinches japonesas son malas voladoras, pero cuando no son interrumpidas por nada, pueden terminar al menos 5 millas de una sola vez.

. . .

Cuando se sienten atacados, levantan sus patas traseras para intimidar al depredador.

1134. Los arácnidos viven en las alas de un escarabajo arlequín. Es sabido que los insectos y las especies animales sobreviven gracias a la ayuda de otras especies. Lo mismo ocurre con los escarabajos arlequín. Son nativos de América del Sur y Central, donde se alimentan de las savias de los árboles. Los pseudoescorpiones o pequeños arácnidos viven bajo las cubiertas de las alas del escarabajo y lo hacen para tener un transporte libre. Qué interesante es este dato de los bichos, ¿verdad?

1135. La palabra pez es tanto singular como plural. En la lengua inglesa, "fish" es un término singular cuando se utiliza para un solo ejemplo de cualquier especie de pez. Sin embargo, "fish" también puede referirse colectivamente a muchos tipos de peces.

1136. Los peces pueden ahogarse. Los peces no respiran el agua. En cambio, filtran el oxígeno disuelto en ella. Por eso los acuarios suelen tener esas máquinas que bombean oxígeno al aire. Si no hay oxígeno que filtrar del agua, los peces se ahogan.

1137. No todos los animales que llevan la palabra "pez" en sus nombres cuentan como peces. Aunque sus nombres sugieran lo contrario, las sepias, las estrellas de mar y las medusas no son realmente peces.

En general, los peces deben tener cráneo, branquias y aletas. Pero, sorprendentemente, no todos los peces tienen espinas.

1138. Algunos peces tienen rasgos de sangre caliente. Algunas especies de tiburones, junto con los peces espada y los atunes, tienen la capacidad de mantener su temperatura central más alta que la de su entorno. En la mayoría de los casos, sólo los animales de sangre caliente tienen la capacidad de hacerlo.

1139. Algunos peces ponen sus huevos en tierra en lugar de en el agua. El saltafangos va más allá y llega a aparearse en tierra. Estos peces excavan y ponen sus huevos en las marismas antes de volver al agua.

1140. Las especies de peces tienen una división ambiental. Aproximadamente la mitad de las especies de peces del mundo viven en el agua salada de los océanos, también conocido como medio marino. Mientras tanto, la otra mitad de las especies de peces del mundo viven en los ecosistemas de agua dulce del interior.

1141. Tanto las especies de peces marinos como las de agua dulce tienen sus centros de diversidad. En el caso de los peces marinos, viven principalmente en los arrecifes de coral, como los de los océanos Índico y Pacífico. La Gran Barrera de Coral de Australia, por ejemplo, cuenta con unas 1.500 especies de peces.

. . .

En cuanto a los peces de agua dulce, su diversidad se observa sobre todo en las cuencas fluviales de las selvas tropicales del mundo. La cuenca del Amazonas, por ejemplo, tiene más especies de peces que toda Europa.

1142. Los científicos creen que los primeros peces evolucionaron a partir de las ascidias. La principal prueba de ello es que las larvas de los peces se parecen a las ascidias. Las ascidias son invertebrados que se adhieren a una superficie sólida, como una roca, en lugar de nadar. También se alimentan de forma pasiva filtrando el agua que pasa por su cuerpo. En esos sentidos, están más cerca del coral que de los peces.

1143. Los primeros peces no tenían mandíbulas. Esto les dificultaba encontrar comida, por lo que les ayudó el hecho de evolucionar en aguas frías. También tenían un metabolismo lento como parte de su adaptación a su entorno, por lo que no necesitaban comer mucho. En su lugar, buscaban animales muertos o moribundos, o se agarraban a los vivos y bebían su sangre para alimentarse.

1144. Dos especies de peces sin mandíbula siguen viviendo en la actualidad. Entre estas especies de peces sin mandíbula están las lampreas o peces largos, parecidos a las anguilas, con bocas redondas forradas de dientes.

· · ·

Se agarran a los costados de los peces más grandes, como las truchas, y les inyectan sustancias químicas especiales para evitar que la herida cicatrice. Cuando el pez se desangra, la lamprea chupa la sangre para alimentarse. Sin duda, uno de los datos más inquietantes sobre los peces.

1145. En Europa se pueden comer lampreas. Aunque pueda parecer asqueroso, la gente ha comido lampreas desde el Imperio Romano. En la Edad Media, también eran un manjar que se comía en Cuaresma, cuando la gente no podía comer carne roja. Hoy en día, las lampreas siguen estando presentes en la cocina de todo el mundo, especialmente en el suroeste de Europa y en Escandinavia.

1146. En Gran Bretaña, las lampreas suelen cocinarse para hacer pasteles. En Asia oriental, las lampreas también se pescan para comer, como en Corea y Japón. En Finlandia, también es habitual que las lampreas se encurtan para conservarlas para comerlas más adelante.

1147. Las lampreas se consideran una plaga en Norteamérica. Aunque todavía no está claro cómo consiguieron establecerse en los Grandes Lagos, las lampreas existen desde hace tiempo en América. Debido a la forma en que se alimentan de los peces comerciales, algunos las consideran plagas.

Esto ha llevado a los estadounidenses a construir filtros especiales e incluso a utilizar venenos especialmente diseñados para controlar la población de lampreas de los Grandes Lagos.

1148. Un romano llamado Vedius Pollio utilizaba las lampreas como forma de tortura. Hacía que los esclavos que le desagradaban fueran arrojados a un estanque de lampreas hambrientas. Las lampreas les chupaban la sangre. Sin embargo, un esclavo escapó de este destino corriendo hacia el emperador Augusto. El esclavo admitió que había enfadado a su amo tras romper una copa de cristal, y sólo pidió tener una muerte más misericordiosa que ser comido vivo. La crueldad de Pollio horrorizó al emperador, que perdonó al esclavo y lo liberó. A continuación, el emperador obligó a Pollio a ver cómo se rompían delante de él todas las copas de cristal que poseía como castigo por su crueldad.

1149. También puede encontrar una mención a las lampreas en la popular serie de libros Canción de Hielo y Fuego. En la serie de libros de George R. R. Tolkien aparece el personaje Lord Wyman Manderly, apodado Lord Lamprey por su afición al pastel de lamprea.

1150. Otro pez sin mandíbula que aún vive es el pez bruja. Al igual que las anguilas, el pez bruja es el único animal con cráneo pero sin columna vertebral.

En su lugar, tienen secciones óseas separadas en la espalda que funcionan como una columna vertebral. Los peces bruja suelen pasar gran parte de su tiempo inactivos para conservar la energía, y normalmente sólo se mueven para comer de vez en cuando. Como carroñeros, suelen comer animales muertos, pero también tienen la capacidad de absorber compuestos orgánicos del agua circundante a través de su piel.

1151. Al igual que las lampreas, la gente también come pez bruja. El mixto sólo se come en Corea, sobre todo en las ciudades portuarias del sur. También se come en el norte de Japón, donde se está estudiando la baba natural del mixto como sustituto del tofu.

1152. Los primeros peces con mandíbulas no tenían dientes. En su lugar, el interior de su boca también tenía una armadura natural. Los científicos creen que estos primeros peces se limitaban a triturar su comida con la boca. La dureza de su armadura natural también les permitía hacer lo básico que los dientes podrían hacer más tarde.

1153. Los científicos aún no están seguros de las ventajas de las bocas con mandíbulas. Lo único que saben es que todos los vertebrados posteriores conservaron las mandíbulas articuladas que evolucionaron por primera vez en los peces.

. . .

Las ventajas más comunes parecen ser una mayor fuerza de mordida y una mejor capacidad de respiración. ¿Qué le parece esta información sobre los peces?

1154. Los peces de aletas lobuladas aparecieron por primera vez en el periodo Devónico. El nombre proviene de las aletas planas y redondeadas que poseen estos peces. También se distinguen por sus aletas que se extienden desde un tallo central óseo que recorre su cuerpo. En la actualidad, los únicos peces con aletas lobuladas que quedan en el mundo son los peces pulmonados y el celacanto.

1155. Los peces pulmonados respiran aire. Como su nombre indica, los peces pulmonados tienen que salir a la superficie de vez en cuando para respirar. Sin embargo, la única excepción es el pez pulmón australiano. Esto sí que es un dato curioso sobre los peces.

1156. Algunos peces pulmonados evolucionaron para sobrevivir a las estaciones secas. En concreto, los peces pulmonados africanos y sudamericanos evolucionaron para sobrevivir a las estaciones secas de sus países. Pueden respirar aire, pero siguen siendo peces y no pueden sobrevivir mucho tiempo sin nadar en el agua. Antes de que el agua se seque, se entierran en el barro, dejando sólo la cabeza al descubierto para poder respirar.

. . .

También ralentizan su metabolismo a 1/80 de lo normal e incluso ajustan la composición química de sus residuos. Esto les permite sobrevivir a la estación seca hasta que llega la estación húmeda y pueden volver a nadar libremente.

1157. Los peces pulmonados pueden vivir mucho tiempo. Un pez pulmonado australiano de un acuario de Chicago consiguió vivir 84 años, desde 1933 hasta 2017. Curiosamente, no murió por causas naturales, sino porque el personal del acuario le aplicó la eutanasia porque la extrema vejez le causaba dolor. Dicho esto, es totalmente posible que hubiera vivido más tiempo.

1158. Algunas personas comen el pez pulmón jaspeado. Encontrado en toda África, a algunos les parece repugnante, mientras que otros lo consideran un manjar. Otras comunidades tribales consideran tabú comer el pez pulmón jaspeado, pero otras lo utilizan como forma de medicina tradicional.

1159. Los científicos solían pensar que los celacantos se extinguieron con los dinosaurios. La gente solía pensar que el celacanto se había extinguido, hasta que unos pescadores consiguieron capturar un celacanto en la costa oriental de Sudáfrica en 1938.

• • •

De hecho, incluso se capturó un ejemplar en Indonesia en 1998, lo que también desmintió la creencia inicial de los científicos de que el celacanto sólo vivía en el océano Índico.

1160. La mayoría de los peces tienen cerebros pequeños. El pez medio tiene un cerebro de aproximadamente 1/15 del tamaño del cerebro de un ave o un mamífero. Sin embargo, los tiburones y los peces elefante tienen cerebros tan grandes como los de otros animales de su tamaño.

1161. Los peces diurnos tienen muy buena visión. Algunos peces tienen incluso una visión mejor que la nuestra, capaz de ver la luz ultravioleta, normalmente invisible para los seres humanos. Por otro lado, los peces nocturnos tienen la vista menos desarrollada, pero ven mejor en la oscuridad que nosotros.

1162. Los peces tienen un oído aún mejor. Este es uno de los datos más sorprendentes sobre los peces, teniendo en cuenta que el sonido viaja más rápido en el agua que en el aire. Los peces oyen tanto con sus oídos como con su esqueleto, percibiendo las vibraciones del sonido en el agua. Los científicos sospechan incluso que los tiburones pueden oír claramente los sonidos a más de 3 km de distancia.

· · ·

1163. No todos los peces ponen huevos. Peces como las aletas partidas, las percas de mar y algunos tiburones llevan y dan a luz a crías vivas. Los científicos también han descubierto que los embriones de algunos de estos peces se consumen entre sí en el útero. ¿Qué le parece esta espeluznante información sobre los peces?

1164. Los peces tienen la capacidad de emitir sonidos. He aquí otro dato sorprendente. Por lo general, los peces frotan o rechinan sus espinas entre sí para producir sonidos. Mientras tanto, otros peces contraen o hacen vibrar su vejiga natatoria para comunicarse con otros peces.

1165. Los peces pueden sufrir quemaduras solares. Normalmente, el agua absorbe la mayor parte de la radiación del Sol. Incluso cuando su radiación aumenta, los peces suelen nadar más profundamente en el agua, o en la sombra, para escapar de ella.

1166. El sistema inmunitario de los peces funciona como el nuestro. En concreto, también producen glóbulos blancos que se encargan de combatir los gérmenes y detener las enfermedades. Su funcionamiento es tan similar que los científicos han desarrollado vacunas para proteger a los peces de las enfermedades.

1167. Algunos peces protegen a otros peces de las enfermedades.

Los científicos los llaman peces limpiadores, y en realidad se comen los parásitos o incluso la carne muerta de los cuerpos de otros peces. Otros peces incluso van a lugares donde viven muchos peces limpiadores para que les limpien el cuerpo. Un ejemplo de pez limpiador es el pez limpiador Bluestreak. Viven en gran parte del mundo, desde el Pacífico Sur hasta el Índico, e incluso hasta las aguas del Mar Rojo. Todo un ejemplo de simbiosis entre peces.

1168. Los tiburones tienen párpados. También son los únicos peces que los tienen en el reino animal. Aunque no necesitan parpadear bajo el agua, necesitan los párpados para proteger sus ojos cuando comen o luchan con otros tiburones. Sin embargo, la protección no es total, ya que los párpados de los tiburones no se cierran del todo.

1169. Los tiburones y las rayas no tienen vejiga natatoria. La mayoría de los peces utilizan las vejigas natatorias para mantener el equilibrio en el agua. También les permite mantener una profundidad cómoda en el agua. Como no tienen estos órganos, los tiburones y las rayas tienen que seguir nadando en todo momento, incluso cuando están dormidos. Mientras se mueven, el agua que fluye alrededor de sus aletas les mantiene a una profundidad constante. Pero si dejan de nadar, se hunden en el fondo del mar.

1170. Las anguilas eléctricas pueden emitir mucha energía. Las anguilas eléctricas pueden emitir hasta un amperio completo de corriente eléctrica, mientras que una batería de coche típica tardaría 2 días en emitir la misma cantidad. Dado que sólo se necesitan 0,2 amperios de corriente para matar a una persona, las anguilas eléctricas son muy mortales. Sin duda, es uno de los peces que hay que tener en cuenta si se ve uno en la naturaleza.

1171. Los peces piedra tienen el veneno más mortífero de todos los peces. Se encuentran en las aguas costeras de los océanos Índico y Pacífico y reciben su nombre por la forma en que se entierran en la arena. Los peces piedra tienen este comportamiento no para esconderse de los depredadores, sino de las presas que podrían verlos y evadirlos. Esto también significa que los nadadores y otros seres humanos no notan al pez piedra hasta que sus espinas los pican. Se sabe que el veneno del pez piedra causa dolor, hinchazón, necrosis e incluso la muerte en casos graves.

1172. Es seguro comer pez piedra. Aunque es mortal, el veneno del pez piedra es sensible al calor. Al calentarlo, el veneno se descompone y pierde sus propiedades mortales. De este modo, la carne del pez piedra puede comerse sin problemas.

• • •

El pez piedra, que suele cocinarse con jengibre en una sopa clara, es un manjar en Japón y China, y a veces se sirve como sashimi.

1173. El pez globo es una comida peligrosa. En Japón, se sirve como manjar fugu. El problema es que la carne del pez globo es muy venenosa, y un solo pez globo tiene suficiente veneno para matar a 30 personas. A diferencia del pez piedra, el veneno del pez globo no se ve afectado por el calor.

1174. Los peces emperador macho tienen harenes. Estos peces viven en bancos con 5 peces emperador hembra. Cuando el macho muere, la hembra más grande del banco cambia su sexo para convertirse en macho. Entonces asume el liderazgo del cardumen. Este es uno de los datos más interesantes sobre los peces.

1175. Los peces voladores no vuelan realmente. En cambio, planean a gran velocidad, manteniéndose en el aire gracias al viento que fluye sobre sus aletas. Una vez que reducen la velocidad, vuelven a caer al agua. Los peces voladores también pueden planear durante largas distancias, normalmente hasta 50 metros. Sin embargo, los científicos los han observado planeando más lejos, hasta una distancia de 200 metros.

· · ·

Estos peces pueden alcanzar una altura de hasta 6 metros, lo que equivale fácilmente a 3 veces la altura de los seres humanos más altos que existen.

1176. Piraña significa "tijeras" en brasileño. En concreto, la raíz de su nombre, pira nya, significa tijeras. Esto se refiere a que sus dientes son lo suficientemente afilados como para despedazar la carne. A pesar de su reputación, no existen registros de que las pirañas se hayan comido a personas vivas. En cambio, suelen comer otros peces, frutas que caen al agua, ganado y cadáveres.

1177. Los caballitos de mar nadan en posición vertical. Aunque son los únicos peces que pueden nadar en posición vertical, tardan más de una hora en alcanzar las distancias más pequeñas. Esta velocidad hace que el caballito de mar parezca que ni siquiera está nadando, sino que va a la deriva con las corrientes marinas.

1178. Los caballitos de mar machos llevan sus huevos. Las hembras ponen sus huevos dentro de una bolsa en el vientre del macho. Los huevos permanecen allí hasta que eclosionan, momento en el que el caballito de mar macho los saca de su bolsa.

1179. Los salmones nadan largas distancias. El salmón puede nadar hasta 3.200 km en sólo 60 días.

. . .

Suelen nadar estas distancias durante la época de apareamiento, cuando abandonan los océanos para dirigirse a los ríos interiores. Una vez que llegan a estos ríos, se aparean y ponen sus huevos antes de morir.

1180. Los peces payaso deben su nombre a sus brillantes colores. Los científicos creen que los peces payaso desarrollaron estos colores como una forma de protección contra los depredadores. Normalmente, los animales con colores brillantes suelen tener venenos naturales como forma de protección. El pez payaso no es venenoso, pero debido a su coloración, la mayoría de los depredadores prefieren no probarlo. Sin duda, uno de los datos sobre peces que Nemo no te enseñó.

1181. El pez payaso vive en las anémonas de mar. Las anémonas de mar provocan dolorosas picaduras que pueden ser mortales para los peces. Los animales más pequeños, como los depredadores del pez payaso, rara vez se arriesgan a acercarse a una anémona de mar. Sin embargo, eso no significa que los peces payaso no sean picados. Con el tiempo, los peces payaso se hacen resistentes al veneno, convirtiéndose prácticamente en lo suficientemente inmunes como para vivir allí.

1182. Hay una manera fácil de saber si un pez se mueve lenta o rápidamente.

. . .

Una forma fácil de saber lo rápido que se mueve un pez es observando sus aletas y su cola. Si un pez tiene aletas finas y una cola dividida, puedes estar seguro de que se mueve rápido y nada largas distancias. Por el contrario, los peces con aletas anchas y cola grande tienden a moverse lentamente y sólo nadan distancias cortas.

1183. Los bancos de peces tienen un único líder. A diferencia de las manadas de lobos, el líder de un banco de peces no permanece en primera línea, sino en el centro del banco. Los peces que lo rodean siguen su dirección, nadando en cualquier dirección que el líder decida.

1184. La mayoría de los peces sólo pueden nadar en una dirección. En concreto, sólo pueden nadar hacia delante, por lo que nunca verás peces nadando hacia atrás. Si quieren o necesitan volver por donde han venido, dan la vuelta, de ahí que a veces los peces naden en círculos. La única excepción son las anguilas, que pueden nadar hacia atrás.

1185. En realidad, el pescado no huele mal. Los científicos han descubierto que los peces no suelen tener las sustancias químicas que nuestro olfato percibe como olor a pescado. Esas sustancias químicas sólo se producen cuando los peces pasan mucho tiempo fuera del agua.

Incluso entonces, deben morir antes de que su carne empiece a descomponerse y a producir esas sustancias químicas en el proceso.

1186. Cada año se capturan millones de toneladas de pescado. La industria pesquera mundial captura una media de 154 millones de toneladas de pescado al año. Los pescados más comunes son las anchoas, el bacalao, la platija, el arenque, el salmón y el atún. Sin embargo, una gran parte de la industria pesquera incluye animales que no son técnicamente peces, como cangrejos, camarones y otros animales marinos.

1187. Los peces aparecen en el arte. Al igual que la propia pesca, los peces en el arte se remontan incluso a antes de los albores de la civilización humana. Muchos ejemplos de arte rupestre en todo el mundo muestran peces de diversas especies, lo que los arqueólogos consideran una prueba de que la pesca es anterior a la civilización. Incluso después de los albores de la civilización, los peces aparecieron en el arte y la arquitectura humanos. Se trata de esculturas, esculturas murales y pinturas, y otros ejemplos de arte a lo largo de los tiempos.

1188. La gente también va a pescar con fines recreativos. La gente suele utilizar una caña de pescar equipada con un carrete, un sedal y un anzuelo para pescar. Hay una gran variedad de cebos para la comodidad de los pescadores recreativos.

Los peces capturados de este modo suelen llevarse a casa para su consumo o se devuelven al mar.

1189. Los peces que son liberados en el mar a veces mueren poco después. Esto suele ocurrir por el estrés que les produce la captura. Otra razón es que pasan demasiado tiempo fuera del agua antes de volver a ella. Esto produce demasiado estrés en sus cuerpos del que no pueden recuperarse.

1190. La sobrepesca es uno de los mayores problemas a los que se enfrentan los peces de todo el mundo en la actualidad. En primer lugar, la sobrepesca no termina necesariamente en la extinción. Por el contrario, simplemente hace que las poblaciones de peces disminuyan tanto que hace que la pesca no sea rentable. Este caso concreto ocurrió con una pesquería de sardinas del Pacífico en la costa de California. En 1937, los pescadores capturaron 700.000 toneladas de sardinas en un año. Pero en 1968, sólo capturaron 24.000 toneladas, lo que provocó el colapso de la pesquería por falta de rentabilidad.

1191. La sobrepesca también provoca enfrentamientos entre diversos grupos. Esto ocurre especialmente en zonas donde la pesca constituye una parte importante de la economía. Con tanta gente trabajando en el sector, además de los beneficios que aporta, los gobiernos los apoyan de forma natural.

Esto, a su vez, provoca roces con la comunidad científica, que presiona para que se pongan límites a la industria pesquera pensando en la conservación. Los límites reducirían los beneficios e incluso provocarían la pérdida de puestos de trabajo y, por tanto, la falta de apoyo de los sectores empresarial y público.

1192. Algunas formas de pesca pueden dañar el medio ambiente. De hecho, los gobiernos han prohibido dos de esos métodos precisamente por esa razón. La pesca con explosivos es una de ellas, y consiste en lanzar explosivos al agua. Los pescadores recogen los peces muertos o aturdidos por la explosión. La otra es la pesca con cianuro, en la que se vierte cianuro en el agua. Los pescadores recogen los peces envenenados. Ambos métodos no sólo dañan el medio ambiente, sino que introducen sustancias químicas venenosas en las capturas.

1193. Entre los peces, los tiburones también se enfrentan al sacrificio regular de su población. El sacrificio de tiburones es la práctica de matar un número de tiburones cada año. Esto mantiene su población bajo control y limita el número de ataques de tiburones. Sólo en Queensland, Australia, se estima que 50.000 tiburones fueron sacrificados entre 1962 y 2018.

. . .

Los críticos sostienen que esta práctica no ha servido para limitar los ataques de tiburones, y que solo daña el ecosistema.

1194. Las especies de peces invasoras también son motivo de preocupación en todo el mundo. Se trata de especies de peces de una parte del mundo que se introducen en otra. 1195. Una vez allí, compiten con las especies autóctonas por el espacio vital y el alimento, dañando el ecosistema en el proceso. Por ejemplo, la introducción de la perca del Nilo en el lago Victoria en la década de 1960 provocó la extinción de nada menos que 500 especies de peces autóctonos. Aunque algunas sobrevivieron en cautividad, la mayoría ya no existen fuera de los libros de historia.

1196. Los peces están muy presentes en los mitos de la antigua Mesopotamia. El dios del agua, Enki, solía utilizar un pez como símbolo. El pueblo también solía ofrecer peces a los dioses en sus templos. Los curanderos y los exorcistas también se disfrazaban de peces en el desempeño de sus funciones. Se supone que un héroe legendario de Babilonia, Oannes, se vistió con la piel de un pez.

1197. La historia bíblica de Jonás se refería originalmente a un pez. Sólo las traducciones modernas lo describen como una ballena. En los textos más antiguos, sólo se dice que un gran pez se lo tragó.

Después de 3 días, el pez lo vomitó para que pudiera continuar con su misión divina en Nínive, en el Imperio Asirio.

1198. Los primeros cristianos asociaban el simbolismo del pez con Jesucristo. Esto hace referencia a que Jesús llamó a sus discípulos pescadores de hombres. También hacía referencia a uno de los milagros de Jesús, en el que pudo alimentar a cientos de hombres y mujeres con sólo dos peces.

1199. Los científicos sólo han explorado a fondo el 1% del océano. Esto les lleva a sospechar que les esperan más misterios y descubrimientos en el 99% restante del mar que no ha sido explorado. Entre ellos se encuentran millones de especies de peces y otros tipos de plantas y animales aún no descubiertos. Sin duda, uno de los datos más misteriosos sobre los peces.

1200. Los mosquitos tienen una vida corta. Los mosquitos de interior sólo tienen una vida de 4 días a 1 mes. Dependiendo de la especie, la mayoría de los mosquitos son activos desde el amanecer hasta la noche y descansan durante el día. Los mosquitos suelen buscar zonas cerradas, como grietas en las rocas, agujeros en el suelo, árboles, matorrales o maleza espesa. Independientemente de la especie, todos los mosquitos necesitan agua para completar su ciclo vital.

. . .

Es importante evitar que haya agua estancada alrededor de tu vivienda, ya que esto sirve de caldo de cultivo para los mosquitos.

1201. La malaria no está causada por un virus o una bacteria. J. W. Meigen, un entomólogo alemán, nombró y describió por primera vez al Anopheles como un género de mosquito. Con aproximadamente 460 especies reconocidas, más de 100 de ellas pueden transmitir el paludismo. Sin embargo, cabe señalar que el paludismo se suele calificar erróneamente como un virus, cuando en realidad está causado por unos parásitos llamados Plasmodium.

1202. Los mosquitos son importantes en la cadena alimentaria. Aunque los mosquitos son una plaga para los humanos, crean una importante fuente de biomasa en la cadena alimentaria. Sirven de alimento a los peces como larvas, a los pájaros, ranas y murciélagos, y algunas especies son importantes polinizadores. También ayudan a filtrar los detritos para que la vida vegetal prospere, además de polinizar las flores.

1203. Los Toxorhynchites son los mosquitos más grandes. También conocido como "mosquito elefante", el Toxorhynchites es un género de diurno con un aspecto relativamente colorido. Es la especie de mosquito más grande conocida, con hasta 18 mm de longitud y 24 mm de envergadura.

1204. Los mosquitos prefieren picar a los humanos con sangre del tipo O. Los mosquitos encuentran más sabrosos a los donantes de sangre universal (tipo O). Según los estudios, a los humanos con sangre del tipo O les pican el doble de veces en la piel en comparación con los que tienen otros tipos de sangre.

1205. Los mosquitos sólo tienen dos cosas en mente. Se podría decir que los mosquitos adoptan un enfoque hedonista en la vida: su único propósito es alimentarse y aparearse. En cuanto los mosquitos salen de su pupa, pueden aparearse en los primeros días. Las hembras ponen sus huevos por la noche y tienen relaciones sexuales cada tres noches, hasta tres veces. Las hembras de mosquito pueden poner hasta 500 huevos a lo largo de su vida.

1206. Los investigadores descubrieron un fósil de mosquito de 46 millones de años. En 2013, los investigadores descubrieron dos fósiles de mosquitos y comprobaron que los mosquitos prehistóricos presentaban cambios mínimos con respecto a los mosquitos modernos actuales. Los investigadores encontraron los fósiles en el esquisto de una cordillera de Montana (EE.UU.).

. . .

1207. Los mosquitos no vuelan muy alto. Los mosquitos sólo pueden volar hasta 25 pies o menos. Sin embargo, el mosquito tigre asiático es uno de los más capaces de volar, llegando a los 40 pies de altura.

1208. Los mosquitos tienen 47 bordes afilados en su probóscide. Aunque lo parezca, la probóscide del mosquito no es una simple lanza. Al contrario, contiene 47 bordes afilados en su punta que utilizan para cortar y atravesar las capas de la piel.

1209. Los mosquitos pueden volar de 1 a 3 kilómetros por hora. La mayoría de los mosquitos no pueden volar más de 3 kilómetros por hora. Prefieren quedarse a unos cientos de metros del lugar donde nacieron. Sin embargo, el Aedes Sollicitans o mosquito de las marismas puede viajar hasta 60 kilómetros de distancia.

1210. Los mosquitos detectan más rápidamente a las personas embarazadas y de mayor tamaño. Además de sentirse atraídos por los humanos con sangre del tipo O, los mosquitos también prefieren a las personas de mayor tamaño y a las mujeres embarazadas. Según el estudio, las mujeres embarazadas y las personas de mayor tamaño exhalan más dióxido de carbono y tienen una temperatura corporal más alta, lo que permite a los mosquitos detectarlos más rápidamente. Sin duda, uno de los datos más interesantes sobre los mosquitos.

1211. Los mosquitos tienen mala vista. Los mosquitos tienen una visión débil y ven mejor si sus objetivos llevan ropa de color oscuro. Es más difícil para ellos detectar a una persona que lleva ropa de color claro, así que quizá debas considerar cambiar tu vestuario.

1212. Algunas especies de mosquitos son más activas durante el día. La mayoría de los mosquitos son activos desde el amanecer hasta la noche para evitar la exposición al sol y la deshidratación. Sin embargo, algunas especies de mosquitos, como el mosquito tigre asiático, son mucho más activas durante el día.

1213. Se necesita un millón de mosquitos para drenar la sangre de un ser humano. Para drenar la sangre de un ser humano, se necesitan alrededor de 1,2 millones de mosquitos. Sólo en Estados Unidos se ha registrado que chupan más de 1,5 millones de galones de sangre al año.

1214. Los mosquitos han matado a más seres humanos que la guerra. Entre 150 millones y 1.000 millones de personas han muerto en guerras a lo largo de toda la historia de la humanidad. Sin embargo, los mosquitos han matado a 52.000 millones de personas desde el comienzo de la historia. Este es uno de los datos sobre los mosquitos.

· · ·

1215. Hay 100 billones de mosquitos en el mundo. Más de 110 billones de mosquitos habitan en el mundo, coexistiendo con éxito con los humanos desde hace 100 millones de años. A diferencia de otros insectos, los mosquitos son globales, mientras que otros insectos tienen sus nichos ecológicos.

1216. Los mosquitos pueden aparearse mientras vuelan. Cuando un mosquito ve a su sexo opuesto, empieza a sincronizar su tono para coincidir con la posible pareja. Los mosquitos pueden aparearse mientras vuelan durante tan solo 15 segundos.

1217. El ciclo vital del mosquito tiene 4 etapas. Las etapas de la vida de un mosquito son el huevo, la larva, la pupa y el adulto. Al sumergirse en el agua, sus huevos eclosionan en tan sólo 5 días. Las larvas de mosquito son criaturas acuáticas que se convierten en pupas en tan sólo 5 días. La pupa se convierte en mosquitos voladores adultos en sólo 2 o 3 días.

1218. El virus del dengue se originó en los monos. Hace 800 años, el virus del dengue se originó en los monos y se extendió a los humanos. Varios virus, como el del dengue, se propagan a través de la picadura del mosquito hembra: se infectan cuando empiezan a chupar la sangre de una persona infectada por el virus. Además, el mosquito transmitirá el virus al picar a otra persona.

1219. Los mosquitos odian el viento. Como sólo pesan 2,5 miligramos y son voladores relativamente débiles, sólo hace falta un pequeño esfuerzo para ahuyentarlos. El uso de ventiladores por la noche es una de las mejores protecciones contra estas criaturas mortales.

Conclusión

¿CÓMO TE QUEDÓ EL OJO? ¿Sabías la mayoría de los datos que expusimos aquí? Si tu respuesta es "sí", ¡felicidades! Tienes experiencia como descubridor del mundo.

Pero tu travesía no termina aquí. Este millar (y pico) de ingeniosos hechos son una parte diminuta de todo lo que hay por conocer y que te espera allá afuera. Quizá hay una especie desconocida habitando tu jardín, ¿lo has pensado?

También es importante que pienses en todas las especies que han desaparecido.

Puedes ser parte crucial de un cambio para que cuidemos mejor de los animales que comparten planeta con nosotros. ¡Ya has visto que incluso los mosquitos son necesarios para lograr el equilibrio en la Tierra!

Ya lo sabes: cuida y descubre lo que hay a tu alrededor. Podrías llevarte más de mil sorpresas, algunas de las cuales has aprendido en este libro.

www.ingramcontent.com/pod-product-compliance
Lightning Source LLC
Chambersburg PA
CBHW051734020426
42333CB00014B/1304